Mark Paravia

Effizienter Betrieb von Xenon-Excimer-Entladungen bei hoher Leistungsdichte

Effizienter Betrieb von Xenon-Excimer-Entladungen bei hoher Leistungsdichte

von
Mark Paravia

Dissertation, Karlsruher Institut für Technologie
Fakultät für Elektrotechnik und Informationstechnik, 2010

Impressum

Karlsruher Institut für Technologie (KIT)
KIT Scientific Publishing
Straße am Forum 2
D-76131 Karlsruhe
www.uvka.de

KIT – Universität des Landes Baden-Württemberg und nationales
Forschungszentrum in der Helmholtz-Gemeinschaft

KIT Scientific Publishing 2010
Print on Demand

ISBN 978-3-86644-501-7

Effizienter Betrieb von Xenon-Excimer-Entladungen bei hoher Leistungsdichte

Zur Erlangung des akademischen Grades eines
DOKTOR-INGENIEURS
von der Fakultät für
Elektrotechnik und Informationstechnik
des Karlsruher Instituts für Technologie
genehmigte

DISSERTATION

von

Dipl.-Ing. Mark Paravia
geb. in Villingen-Schwenningen

Tag der mündlichen Prüfung:	11.02.2010
Hauptreferent:	Prof. Dr.-Ing. W. Heering
Koreferent:	Prof. Dr.-Ing. T. Leibfried

Karlsruhe 2010

Für Ines und Mariella
Meinen Eltern

Danksagung

Diese Arbeit entstand am Lichttechnischen Institut des Karlsruher Institut für Technologie (KIT) in der Arbeitsgruppe Plasma- und UV-Technologien unter der Leitung von Herrn Prof. Dr.-Ing. Wolfgang Heering. Die Arbeit wurde durch die finanzielle Unterstützung von *Saint Gobain Glass France* ermöglicht.

Mein besonderer Dank gilt Herrn Prof. Dr.-Ing. Wolfgang Heering, der mir durch seine engagierte Betreuung, die wissenschaftliche Freiheit und das entgegengebrachte Vertrauen die Arbeit ermöglichte. Herrn Prof. Dr.-Ing. Thomas Leibfried danke ich für die freundliche Übernahme des Korreferates. Darüber hinaus möchte ich mich bei Prof. Dr. rer. nat. Uli Lemmer, dem Institutsleiter, und bei Dr.-Ing. Rainer Kling für die Unterstützung bedanken.

Einen beachtlichen Anteil an der Arbeit trägt Dr.-Ing. Klaus Trampert, der mich seit Beginn meiner Tätigkeit am Lichttechnischen Institut unterstützte. Ebenfalls danken möchte ich Michael Meißer für die vielen Diskussionen über Effizienz und Funktionsweise des Betriebsgerätes. Bei Johannes Enßlin, Martin Perner, Rüdiger Daub und Matthias Scherer bedanke ich mich für ihre Mitarbeit und die geleisteten Beiträge zu dieser Arbeit. Die wissenschaftlichen Untersuchungen wurden durch die handwerklich hervorragenden Arbeiten von Bernd Kleiner ermöglicht. Hierfür danke ich ihm. Der gesamten Arbeitsgruppe danke ich für die stetige Hilfsbereitschaft und die freundliche Arbeitsatmosphäre.

Ein ganz besonderer Dank gehört meinen Eltern für den Rückhalt und die Unterstützung während meines Studiums und der Promotion. Der größte Dank gehört jedoch meiner Ehefrau Ines und meiner Tochter Mariella für die Unterstützung, die Geduld und ihr Verständnis während der Entstehung dieser Arbeit. Dabei haben mir auch meine Freunde sehr geholfen. Stellvertretend möchte ich dafür Daniel Weisser meinen Dank aussprechen.

Inhaltsverzeichnis

1   Einleitung **15**

2   Grundlagen **21**

   2.1   Dielektrisch behinderte Entladung (DBE) 21

   2.2   Xenon-Excimere Xe_2^* 23

   2.3   Ausbildungsformen der Entladung 26

   2.4   Zündmechanismen und Rückzündung 28

   2.5   Druckabhängigkeit der Xe_2^*-Entladung 32

3   Strahler und Messverfahren **35**

   3.1   Strahler 35

      3.1.1   Flachlampen 35

      3.1.2   Koaxiale Hochleistungsstrahler 38

      3.1.3 MgF_2-Laborlampe 39

   3.2   Innere elektrische Größen 41

   3.3   Goniometrische Strahlungsflussbestimmung im VUV 44

   3.4   Plasma-Effizienzbestimmung 47

      3.4.1   Auskoppeleffizienz für koaxiale Strahler 47

      3.4.2   Transmission der äußeren Barriere 48

      3.4.3   Transmission der Netzelektrode 50

      3.4.4   Berechnung der Plasma-Effizienz 51

4   Modellierung der Xenon-Excimer-DBE **53**

   4.1   Numerische Simulation 53

   4.2   Elektrische Modelle 67

      4.2.1   Modell mit Ladungsschichtkapazitäten 68

      4.2.2   Ladungstransportmodell 69

      4.2.3   Makroskopisches Lampenmodell 73

      4.2.4   Erweitertes Ladungstransportmodell 74

5   Elektronische Betriebsgeräte für DBE **81**

   5.1   Bekannte Betriebsgeräte 82

      5.1.1   Betriebsgerät mit sinusförmiger Ausgangsspannung 82

5.1.2 Flyback-Inverter 83

5.1.3 Adaptives unipolares Puls-Betriebsgerät 84

5.1.4 Burst-Wave Betriebsgerät 86

5.2 Resonantes Puls-Betriebsgerät 87

5.3 Betrieb mit Parallel-Kondensator 93

6 Experimentelle Untersuchungen 101

6.1 Effizienz des resonanten Puls-Betriebsgerätes 102

6.2 Druckabhängigkeit des Xe_2^*-Spektrums im VUV 108

6.3 Homogene, gemusterte und filamentierte Entladungen 111

6.3.1 Schwellenstromdichte für homogene Entladungen 111

6.3.2 Einfluss der Rückzündung 116

6.3.3 Druckabhängigkeit der Schwellenstromdichte 119

6.3.4 Schwellenstromdichte mit resonantem Puls-Betriebsgerät. 122

6.3.5 Deutung der Schwellenstromdichte 125

6.4 Erweitertes Ladungstransportmodell 127

6.5 Effizienzsteigernde Mittel 135

6.5.1 Pulsdauer 135

6.5.2 Minimierung der Glimmverluste 143

7 Steigerung der Leistungsdichte 145

7.1 Erreichte Leistungsdichte und Plasma-Effizienz 145

7.2 Repetitionsraten- und Druckabhängigkeit der Leistungsdichte 150

7.3 Machbarkeit von Hochleistungsstrahlern 156

8 Zusammenfassung 161

9 Ausblick 165

10 Literatur 167

1   Einleitung

Der Einsatz optischer Technologien ermöglicht neue, ressourcenschonende und gleichzeitig effizientere Fertigungsmöglichkeiten für eine Vielzahl von industriellen Produkten. Dabei reichen die optischen Technologien beispielsweise von der UV-induzierten Polymerisation, der medizinischen Phototherapie bis zur Wasserdesinfektion. Die UV-induzierte Polymerisation erzeugt aus lösungsmittelfreien Harzen feste Polymere mit exzellenter Widerstandsfähigkeit gegen organische Lösungsmittel, Chemikalien und Hitze (Decker 2002).

Hochleistungsstrahler im UV-Spektralbereich ermöglichen hohe Prozessgeschwindigkeiten und eine Produktivität. Für die UV-Polymerisation ist der Hg-Mitteldruckstrahler mit elektrischen Leistungen zwischen 400 W und 24 kW am weitesten verbreitet. Die hohe Leistungsdichte erlaubt Prozesszeiten innerhalb von Sekundenbruchteilen und eignet sich hervorragend für die großindustrielle Produktion (Garratt 1996). Hg-Mitteldruckstrahler emittieren ein druckverbreitertes Linienspektrum im UV-Spektralbereich mit dominanter Ausstrahlung im UVC. Die UV-Strahlungsausbeute beträgt circa 25 % der elektrischen Leistung.

Für die Wasserdesinfektion werden auf Grund der besseren Effizienz vorrangig Hg-Niederdruckstrahler eingesetzt. Diese emittieren Linienstrahlung hauptsächlich bei $\lambda = 254$ nm. Die UV-Strahlungsausbeute beträgt bis zu 33 % bei elektrischen Leistungen < 330 W (UV-Technik 2008).

Kapitel 1 Hg-Entladungslampen bekommen neuerdings Konkurrenz von den UV-LEDs. Vorteile der UV-LEDs gegen über den Hg-Entladungslampen sind die Sofort-Start-Eigenschaft, die Dimmbarkeit bis < 1 % der Nennleistung und die hohe Lebensdauer. Bis zum jetzigen Stand der Technik sind UV-LEDs vornehmlich im Spektralbereich $\lambda \geq 365$ nm erhältlich, da die Entwicklung von Hochleistungs-LEDs im sichtbaren Spektralbereich angetrieben wird. Die erreichte elektrische Leistung einer UV-LED bei $\lambda = 255$ nm ist lediglich 0,5 mW (Tschudi 2008).

Als weitere Alternativen zu Hg-Entladungslampen sind Excimerstrahler auf Basis der dielektrisch behinderten Entladung (DBE) seit Beginn der 80er Jahre wieder verstärkt Forschungs- und Entwicklungsgegenstand. In einer DBE wird mindestens eine Elektrode durch eine dielektrische Barriere von dem Gasraum getrennt. Nach der Zündung erlischt die Entladung auf Grund der Ladungsträgerakkumulation auf den Barrieren selbständig. Hierdurch besteht die Möglichkeit eine effiziente Nichtgleichgewichtsentladung bei einem Druck im Bereich einiger mbar bis ein bar zur erzeugen (Kling 1997).

Grundsätzlich ist das Excimersystem unter verschiedenen Edelgasen-Excimeren (wie Ar_2^*, Kr_2^*, Xe_2^*) oder Edelgas-Halogen-Excimeren (z. B. XeJ^* oder ArF^*) frei wählbar. Aus Untersuchungen von (Gellert et al. 1991) ist das Xenon-Excimer (Xe_2^*) als effizienteste Excimersystem bekannt. Das Xe_2^* emittiert ein druckabhängiges schmalbandiges Spektrum um $\lambda_{Xe-Excimer} = 172$ nm. Xe_2^*-Strahler sind mittlerweile kommerziell erhältlich und reichen von Spezialanwendungen wie der Ozonerzeugung und Oberflächenbehandlung (Pflumm 2003), über die Hintergrundbeleuchtung von Flüssigkristallanzeigen (Osram 2006) bis zur Allgemeinbeleuchtung (Waite 2008).

Vorteil der DBE ist die Anpassungsmöglichkeit der Emission an das Wirkungsspektrum des Bestrahlungsgutes durch Einsatz von Leuchtstoffen und die Vermeidung von Nebenwirkungen durch schmalbandige Emission. Die Konversionsverluste aus der energiereichen Xe_2^*-Emission mit $E_{Photon} = 7{,}2$ eV in den sichtbaren Spektralbereich ($E_{Photon} \approx 2{,}2$ eV) betragen 70 %. Der erzielbare Wirkungsgrad für die Allgemeinbeleuchtung ist deshalb vergleichsweise gering. Über die Umwandlung der Xe-Excimerstrahlung in UVC-Strahlung kann die DBE beispielsweise für Schadstoffabbau oder die Wasserdesinfektion genutzt werden. Diese Konversionsverluste sind auf Grund des geringeren energetischen Abstandes von Anregungs- und Emissionsniveau wesentlich geringer (Altena 2002).

Die DBE kann als einzige Gasentladungslampe flächig mit nahezu beliebiger Elektrodenform realisiert werden. Die Flachlampe »Planilum« der Firma Saint Gobain Glass France hat beispielsweise eine Fläche von 60×60 cm^2 und ist als dekorative Beleuchtung verfügbar (Abbildung 1.1). Jedoch ist die elektrische Leistungsdichte zur Vermeidung von Blendung gering. Die »Planilum« wird mit einer sinusförmigen Hochspannung oberhalb des hörbaren Frequenzbereichs betrieben. Durch die sinusförmige Spannung ist die Entladung gekennzeichnet durch simultanen Durchbruch einzelner Filamente (Mikroentladungen). Dagegen kann durch eine gepulste Hochspannung eine räumlich gleichmäßige Entladung erreicht werden. Die so genannte homogene Entladung nutzt nach (Mildren et al. 2001a) das Entladungsvolumen komplett aus und erreicht sehr hohe Plasma-Effizienzen bis 65 % (Vollkommer et al. 1994).

Abbildung 1.1:   a) Xe-Excimer-Flachlampe der Fa. Saint Gobain mit 60 cm Kantenlänge Quelle: (Waite 2008)

Aus bisherigen Arbeiten wie (Kling 1997) ist bekannt, dass die Plasma-Effizienz mit steigender elektrischer Leistungsdichte sinkt. Die maximal erreichbare Leistungsdichte von Xe_2^*-Strahlern ist jedoch unbekannt.

Die vorliegende Arbeit widmet sich daher der Fragstellung nach dem homogenen Betrieb bei hoher Leistungsdichte und hoher Effizienz. Die weiterführende Frage ist, welche Eigenschaften ein System aus DBE, Betriebsgerät mit der zugehörigen Pulsform besitzen muss. Die Arbeit erfolgte im Rahmen eines Industrieprojektes mit Saint Gobain Glass France und einer Kooperation mit Szabolcs Beleznai der Universität Budapest. Experimentelle Untersuchungen zur Bestimmung der Ströme und Spannungen im Gasraum und die Strahlungsflussbestimmung im Vakuum-UV werden in dieser Arbeit durch numerische Simulationen und modellhafte Überlegungen vertieft.

Die Grundlagen der DBE und die Reaktionskinetik des Xenon-Excimers werden in Kapitel 2 dargestellt. Für die experimentelle Untersuchung werden in Kapitel 3 die Flachlampen, koaxiale Hochleistungsstrahler, eine MgF_2-DBE sowie die Messmethoden beschrieben.

In Kapitel 4 wird anhand einer numerischen Simulation die Entstehung einer Raumladungszone während der Zündung gezeigt. Diese Raumladungszone, von (Pflumm 2003) als »effektive Anode« bezeichnet, wandert während der Zündung zur Kathode und bildet dort den Kathoden-Fall aus. Für die Simulation konnte auf ein numerisches Modell (Beleznai et al. 2006) zurückgegriffen und mit den experimentellen Untersuchungen aus (Paravia et al. 2008b) verknüpft werden. Die Simulation erfolgte durch Szabolcs Beleznai. Darüber hinaus wurde ein eigenes, elektrisches Modell zur Beschreibung der Restladungen einer DBE entwickelt. Dieses Modell basiert auf dem Ladungstransportmodell von (Trampert 2009) und den Überlegungen und Modellen von (Neiger et al. 1994) und (Daub 2009). Es ergänzt die bisherigen Arbeiten um eine von der Ausbildungsform abhängige Raumladungskapazität C_{charge} und es wird gezeigt, wie C_{charge} vorteilhaft aus der elektrischen Leistung bestimmt werden kann.

Den Betriebsgeräten für DBEs widmet sich Kapitel 5 mit einer Übersicht bekannter Betriebsgeräte und der Entwicklung eines neuartigen resonanten Puls-Betriebsgeräts. Ziel des resonanten Puls-Betriebsgerätes ist eine effiziente und homogene Xe_2^*-Entladung mit hoher Leistung.

Der Hauptteil dieser Arbeit besteht aus den umfangreichen experimentellen Untersuchungen in Kapitel 6. Im Rahmen dieser Untersuchungen wird die Xe_2^*-Emission erneut untersucht. Diese Untersuchung wurde nötig, da in bisherigen Veröffentlichungen, wie (Gellert et al. 1991), (Liu et al. 2003) und (Jinno et al. 2005), Xenon-Resonanzstrahlung wegen Reabsorption in einem ungezündeten Gasraum unterschätzt wurde.

Im Anschluss folgt die Fragestellung der optimalen Pulsform für eine homogene Entladung. In Kapitel 6.3 wird erstmalig gezeigt, dass die gezündete Fläche einer DBE linear mit der Stromdichte korreliert und eine Schwellenstromdichte für homogene Entladungen definiert. Diese Schwellenstromdichte muss für eine homogene Entladung mindestens bereitgestellt werden. Weitergehend wird die Abhängigkeit der Schwellenstromdichte vom Xenondruck und der Pulsform dargestellt.

Durch die Abhängigkeit der gezündeten Fläche von der Stromdichte kann das Ladungstransportmodell auf filamentierte und gemusterte Entladungen erweitert werden (Kapitel 6.4).

Als Nächstes werden die Effizienz und die Verluste einer Xe_2^*-DBE detailliert untersucht. Die Energie wird hierzu in Energie während der Zündphasen und Energie während der Glimmphasen nach der Zündung / Rückzündung aufgeteilt. Diese Aufteilung führt auf zwei grundlegende Korrelationen: Erstens skaliert die erzeugte Xe_2^*-Strahlung mit der Energie in der Zündphase. Zweitens korreliert die Lampenlichtausbeute mit dem Verhältnis aus Energie in den Zündphasen und Energie in den Glimmphasen. Hieraus wird in Kapitel 6.5 der optimale Betrieb einer DBE abgeleitet.

Die erreichbare Leistungsdichte wird an den koaxialen Hochleistungsstrahlern absolut gemessen und die Plasma-Effizienz bestimmt. Anhand des erweiterten Ladungstransportmodells wird gezeigt, dass mit zunehmender Repetitionsrate weniger Energie effizient in Strahlung umgewandelt wird und dass die Verluste durch eine Glimmphase ansteigen. Basierend auf den experimentellen Untersuchungen der koaxialen Hochleistungsstrahler und der Flachlampe wird die Machbarkeit von Hochleistungsstrahlern abschließend in Kapitel 7 diskutiert.

2 Grundlagen

Im Folgenden wird die dielektrisch behinderte Anregung eines Plasmas in Kapitel 2.1 getrennt von der Xenon-Excimer-Entladung (Xe_2^*-Entladung) in Kapitel 2.2 behandelt. Abhängig von der elektrischen Betriebsart einer DBE bilden sich räumlich getrennte Filamente oder eine über die gesamte Elektrodenfläche homogene Entladung. Die unterschiedlichen Ausbildungsformen der Entladung werden in Kapitel 2.3 aufgezeigt. Die Zündmechanismen und der Einfluss einer zweiten Zündung, wenige µs nach der ersten Zündung, wird in Kapitel 2.4 beschrieben. Den Abschluss des Kapitels bildet die Druckabhängigkeit der Xe_2^*-Entladung in Kapitel 2.5.

2.1 Dielektrisch behinderte Entladung (DBE)

In einer dielektrisch behinderten Entladung wird mindestens eine Elektrode durch eine dielektrische Barriere von dem Gasraum getrennt. Werden beide Elektroden durch ein Dielektrikum geschützt, wird die Entladung als beidseitig behindert bezeichnet. Ist nur eine Elektrode vom Gasraum getrennt wird die als Entladung einseitig behindert bezeichnet. Für die Strahlungsauskopplung und Langzeitstabilität wird ein transparentes Dielektrikum mit hoher Durchschlagsfestigkeit und chemischer Passivität benötigt. Typische DBEs werden daher aus hochwertigen Kalk-Natron-Gläsern, Borosilikat-Gläsern oder Quarzglas hergestellt.

Beispielhafte planare Ausführungsformen sind in Abbildung 2.1 a) – c) gezeigt. Vorteil dieser Ausführungsformen ist die Nutzung des gesamten Entladungsvolumens, was nach (Kling 1997) sehr effizient ist. Doppelwandige Koaxialstrahler (Abbildung 2.1 e)) aus synthetischem Quarzglas bieten die Möglichkeit zur direkten Nutzung der emittierten Xe_2^*-Strahlung. Eine Sonderform der DBE stellt die in Abbildung 2.1 d) dargestellte coplanare Elektrodenanordnung dar. Hierbei wird eine Oberflächenentladung mit gezielt vergrößerter Schlagweite betrieben.

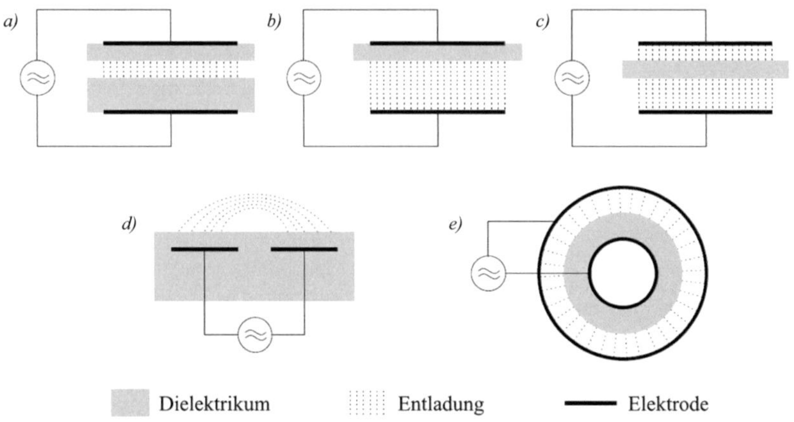

Abbildung 2.1:   Bauformen der DBE nach (Pflumm 2003)

Durch die Barriere kann nach der Zündung der Lampe kein permanenter Stromfluss aufrechterhalten werden, da die Ladungsträger auf den Barrieren akkumulieren. Auf Grund der Ladungsträgerakkumulation wird das von außen angelegte elektrische Feld (E-Feld) geschwächt und die Entladung erlischt wenige 10 ns bis einige µs nach der Zündung. Durch das Selbsterlöschen kann ein effizientes Nichtgleichgewichtsplasma auch bei hohem Druck erreicht werden, wenn eine Thermalisierung und die Ausbildung einer Bogenentladung verhindert wird (Stockwald 1991).

Im kontinuierlichen Betrieb wird die DBE mit Wechselspannung betrieben. Die Energieeinkopplung erfolgt kapazitiv mit Spannungen im Bereich einiger kV. Nach den ersten Untersuchungen mit einer sinusförmigen Anregung, beginnend im hörbaren Frequenzbereich bis zu einigen hundert kHz (Eliasson et al. 1988, Gellert et al. 1991, Stockwald 1991), wird die DBE heutzutage vorteilhaft mit einer gepulsten Hochspannung betrieben. Die erreichte Plasma-Effizienz für Xenon beträgt bis zu 65 %, wenn die gepulste Entladung mit einer ausreichender »Totzeit« zwischen den Pulsen betrieben wird (Vollkommer et al. 1994).

Im Einfachzündbereich mit einer sinusförmigen Spannung sinkt die dynamische Zündspannung für die nachfolgende Zündung, da sich das Feld der akkumulierten Ladungsträger zum Feld der außen angelegten Spannung addiert. Dieser als »Memory-Effekt« oder einfach als »History« bezeichnete Effekt wird detailliert von (Trampert 2009) beschrieben. Wird die sinusförmige Spannung nach der Zündung weiter erhöht, kann die DBE von dem Einfachzündbereich in den Mehrfachzündbereich übergehen und innerhalb einer Spannungs-halbschwingung mehrfach mit gleicher Polarität gezündet werden.

Im Pulsbetrieb kann die akkumulierte Ladungsträgerdichte und deren Polarität durch eine zweite Zündung, die Rückzündung, an der fallenden Span-nungsflanke reduziert oder umgepolt werden (Paravia et al. 2007). Durch das Umpolen der Ladungsträgerdichte wird die Zündspannung für die nachfolgende Zündung reduziert.

2.2   Xenon-Excimere Xe_2^*

Ein Excimer (Kurzform von excited dimer) ist ein angeregtes Homo- und Heterodimer mit thermisch instabilem Grundzustand. Aus diesem Grunde wurden Excimere als erstes für UV-Laser genutzt. Die Laserwellenlänge kann allein durch die Wahl des Excimers bestimmt werden (Rhodes 1984). Grund-sätzlich ist das Excimersystem als nicht kohärente Strahlungsquelle frei wähl-bar. Nach der Untersuchung von verschiedenen Edelgasen-Excimeren und Edelgas-Halogen-Excimeren z.B. in (Altena 2002, Gellert et al. 1991) stellte sich Xe_2^* als das effizienteste Excimer heraus. Das Xe_2^* emittiert ein druckab-hängiges, schmalbandiges Spektrum mit einer Mittelwellenlänge von $\lambda_{Xe\text{-}Excimer} = 172$ nm. Dieses Spektrum im Vakuum-UV (VUV) kann mit geeig-neten Leuchtstoffen zum Beispiel in den sichtbaren Spektralbereich oder für die Photochemie in den UV-Spektralbereich konvertiert werden.

Die typischen Entladungsanordnungen für Xenon liegen bei Schlagweiten im Bereich $0{,}2 - 1$ cm und Fülldrücken zwischen 100 und 1000 mbar (Kling 1997). Für eine ausführliche Beschreibung des Entladungsverlaufes sei auf (Bogdanov et al. 2004, Mulliken 1970) und die numerische Simulation in Kapitel 4.1 verwiesen. Auf Grund der Simulation werden an dieser Stelle nur die wichtigsten Reaktionsgleichungen wiedergeben.

Ist die Energie der Elektronen ausreichend, ionisiert ein schnelles Elektron e^- ein Xe-Atom aus dem Grundzustand ($^1S_0$) heraus durch inelastischen Elektronen-stoß (direkte Ionisierung).

$$e^- + Xe(^1S_0) \longrightarrow 2e^- + Xe^+ \tag{2.1}$$

Die direkte Anregung eines Xe-Atoms beispielsweise in den ersten (2.2) oder zweiten (2.3) angeregten Zustand erfolgt durch inelastischen Elektronenstoß. Zusammenfassend entspricht das einfachangeregte Xe^* dem Resonanzniveau $Xe^*(^3P_1)$ und dem metastabilen Niveau $Xe^*(^3P_2)$. Die höher angeregten Niveaus $Xe^{**}(6s`,6p, 5d...)$ werden zu Xe^{**} zusammengefasst.

$$e^- + Xe(^1S_0) \longrightarrow e^- + Xe^* \tag{2.2}$$

$$e^- + Xe(^1S_0) \longrightarrow e^- + Xe^{**} \tag{2.3}$$

Nach dem Ansammeln der metastabilen Spezies im Entladungsraum durch Anregung aus dem Grundzustand geht die direkte Ionisierung zur Stufenionisierung über (Gleichung (2.4) und (2.5)) und resultiert in einem schnellen Stromanstieg mit anschließendem Spitzenstrom (Bogdanov et al. 2004).

$$e^- + Xe^* \longrightarrow 2e^- + Xe^+ \tag{2.4}$$

$$e^- + Xe^{**} \longrightarrow 2e^- + Xe^+ \tag{2.5}$$

Die zweifach angeregten Xe^{**} relaxieren hauptsächlich über Stoßprozesse mit neutralen Xe-Atomen in den ersten angeregten Zustand (Trampert 2009). Konkurrierend kann das Xe^{**} unter Emission von Linienstrahlung im nahen Infrarotspektralbereich (NIR) in den ersten angeregten Zustand relaxieren.

$$Xe^{**} \longrightarrow Xe^* + hf \tag{2.6}$$

Die Excimererzeugung erfolgt als Dreierstoß zwischen einem Xe^* und zwei Xe-Atomen im Grundzustand. Der freiwerdende Impuls der excimerbildenden Atome wird auf ein drittes Xenonatom übertragen (Impulserhaltung).

$$Xe^* + 2Xe \longrightarrow Xe_2^* + Xe \tag{2.7}$$

Der Bildungsprozess des Excimers konkurriert bei geringem Druck mit der spontanen Emission bei $\lambda = 147$ nm aus dem Resonanzniveau in den Grundzustand ($^1S_0$). Nach der Bildung befindet sich das Xe_2^* in einem hoch angeregten Schwingungszustand ($v \gg 0$). Mit zunehmendem Druck geht das Xe_2^* in das energetisch tiefer liegende Rydberg-Minimum über. Die Dissoziation des Xe_2^* durch Relaxation in den Grundzustand erfolgt im Bereich $\tau \sim 10^{-7}$ s (Kling 1997). Da die Abregung in das Rydberg-Minimum druckabhängig ist, ist das Emissionsspektrum druckabhängig und verschiebt sich mit zunehmendem Druck von Resonazstrahlung hin zum zweiten Kontinuum. Bei dem Übergang

Xe_2^* in den Van-der-Waals-Grundzustand wird das so genannte erste Excimer-kontinuum um $\lambda = 151$ nm und das zweite Excimerkontinuum um $\lambda = 172$ nm ($v \approx 0$) emittiert.

$$Xe_2^* \longrightarrow 2Xe + hf \tag{2.8}$$

Aufgetragen in Abbildung 2.2 ist das Termschema des Xenon-Excimers. Die strahlende Relaxation Xe^{**}(6s', 6p, 5d) in das Resonanzniveau $Xe^*(^3P_1)$ bzw. dem metastabilen Niveau $Xe^*(^3P_2)$ ist schnell im Gegensatz zur Excimer-dissoziation. Die in der Literatur zitierten, charakteristischen Wellenlängen sind $\lambda = 823$ nm und $\lambda = 828$ nm, welche mit optischer Messtechnik für den sicht-baren Spektralbereich noch einfach messbar sind. Weitere Xenon-Linien wer-den bis $\lambda = 1084$ nm emittiert. Die strahlenden Übergänge Xe^{**}(6s',6p, 5d) nach $Xe^*(^3P_1)$ bzw. $Xe^*(^3P_2)$ können zur Bestimmung des Entladungsverhaltens und der Homogenität ohne Vakuumaufbau (VUV) genutzt werden (Mildren et al. 2002). Da die überwiegende Abreaktion des Xe^{**} druckabhängig ist, kann aus dem NIR-Strahlungsfluss jedoch nicht auf den VUV-Strahlungsfluss gefol-gert werden (Trampert et al. 2007). Ein Auszug der relevanten Übergange für Xenon ist (Yoon et al. 2000) und (Saloman 2004) entnommen und in Tabelle 2.1 zusammengefasst.

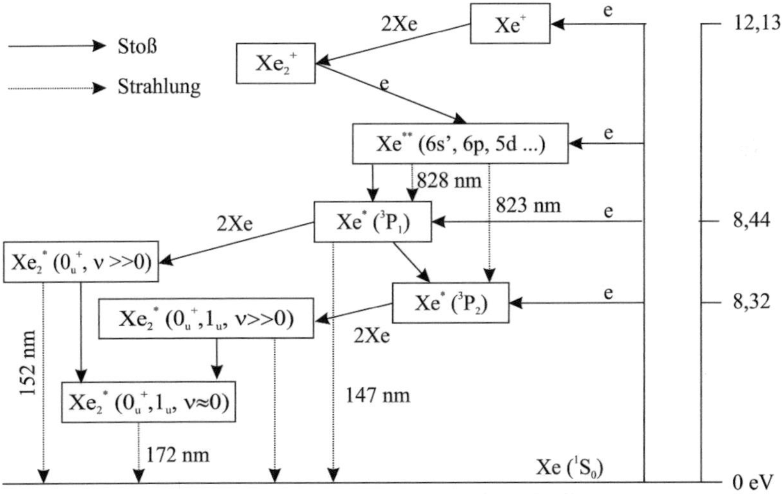

Abbildung 2.2:   Termschema des Xenon-Excimer-Systems nach (Liu 2002)

Tabelle 2.1: Linienstrahlung des angeregten Xenonatoms im NIR

Wellenlänge (nm)	Ausgangs-niveau	Endniveau	Oberes Energie-niveau	Unteres Energie-niveau
823,16 nm	$2p_6$	$^3P_2$	9,82 eV	8,32 eV
828,01 nm	$2p_5$	$^3P_1$	9,93 eV	8,44 eV
881,94 nm	$2p_8$	$^3P_2$	9,72 eV	8,32 eV
895,22 nm	$2p_6$	$^3P_1$	9,82 eV	8,44 eV
904,54 nm	$2p_9$	$^3P_2$	9,68 eV	8,32 eV
916,27 nm	$2p_7$	$^3P_1$	9,78 eV	8,44 eV
979,97 nm	$2p_{10}$	$^3P_2$	9,58 eV	8,32 eV
992,32 nm	$2p_9$	$^3P_1$	9,68 eV	8,44 eV
1083,83 nm	$2p_{10}$	$^3P_1$	9,58 eV	8,44 eV

Wichtig für die Effizienz der VUV-Strahlungserzeugung ist die Vermeidung von Verunreinigungen des Gases (Adler 2000). Beispielhaft sei hier die Bildung des XeO-Moleküls durch die Verunreinigung mit Sauerstoff genannt. Auf Grund der energiereichen Strahlung des Xe-Excimers liegt Sauerstoff als Radikal vor. Durch den Dreierstoß mit einem Sauerstoffatom bildet sich das XeO-Excimer.

$$2Xe + O \longrightarrow XeO + Xe \tag{2.9}$$

Das XeO-Excimer geht strahlend in den Grundzustand über, wobei hier Linienstrahlung mit einer Wellenlänge $\lambda = 308$ nm sowie Bandenstrahlung um $\lambda = 540$ nm erzeugt wird (Stockwald 1991).

$$XeO \longrightarrow Xe + O + hf \tag{2.10}$$

Dieser Prozess ist bereits für Sauerstoffanteile im ppm-Bereich von Bedeutung und senkt die Effizienz der Entladung. Weiter lagern elektronegative Komponenten wie Wasserstoff, Sauerstoff, Halogene und Halogenverbindungen freie Elektronen an und erniedrigen daher den effektiven Elektronen-Ionisierungskoeffizienten (Heering 2005).

2.3 Ausbildungsformen der Entladung

Die Entladungsausbildung wird unterteilt in filamentierte, gemusterte und homogene Entladungen (Kogelschatz 2002, Müller et al. 1996). Die filamentierte Entladung ist gekennzeichnet durch simultanen Durchbruch einzelner Filamente an unterschiedlichen Positionen. An der Durchbruchstelle wird die

Restladungsträgerdichte lokal erhöht und die Entladung zündet in der nachfolgenden Periode oder Halbschwingung bevorzugt an der gleichen Stelle. Die unterschiedlichen Entladungsformen wurden in der Literatur, wie (Kling 1997, Kogelschatz 2002) bereits eingehend diskutiert. Eine Übersicht über die verschiedenen Ausbildungsformen der Entladung ist (Kling 1997) entnommen und in Abbildung 2.3 dargestellt. (Kling 1997) unterteilt die Ausbildungsform der Entladung in homogene und filamentierte Entladungen. Die filamentierte Entladung kann nach der Art der Filamente weiter unterteilt werden. Kegelförmige Filamente wie der Vollkegel oder der Schmalkegel nutzen die ganze Elektrodenfläche nur auf der Anode aus und sind zur Kathode hin eingeengt. Das kanalgeteilte Filament, Kurzkegel- und das Dünnfilament sind gekennzeichnet durch einen stark eingeschnürten engen Kanal.

Die homogene Entladung entspricht einer flächigen Entladung, welche die gesamte Elektrodenfläche und den Gasraum vollständig ausnutzt. Vorteile der homogenen Entladung sind nach (Pflumm 2003) ein besserer visueller Eindruck bei einem Einsatz der DBE als Lampe und eine bessere Effizienz durch eine geringere Stromdichte.

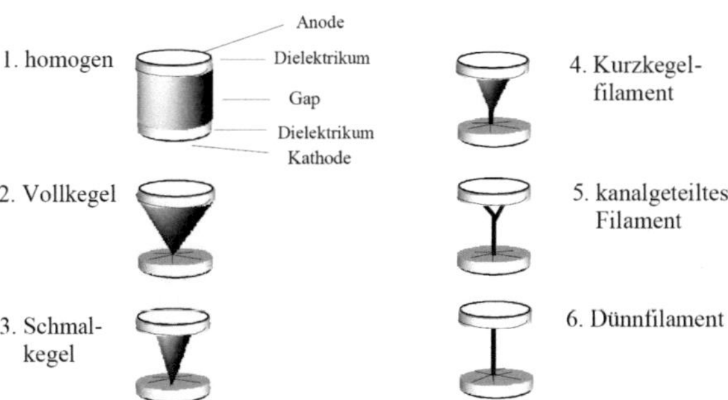

Abbildung 2.3:   Ausbildungsformen der Entladungen. Quelle: (Kling 1997)

Die hohe Stromdichte in dem Kanal der Filamente (Abbildung 2.3 4. – 6.) ist nach (Mildren et al. 2001b) schädlich für die Effizienz der Entladung. Die Plasma-Effizienz beträgt $\eta_{Plasma} = 30 - 45\%$ für filamentierte Entladungen mit lokalen Spitzen-Stromdichten $\hat{\imath}_{Lampe} = 100$ A/cm^2 bis $\hat{\imath}_{Lampe} = 1000$ A/cm^2 (bei $p_{Xe} = 532$ mbar). Zum Vergleich beträgt die Plasma-Effizienz $\eta_{Plasma} = 62\%$ bei einer homogenen Entladung und einer Spitzen-Stromdichte $\hat{\imath}_{Lampe} = 0{,}47$ A/cm^2.

Kurzzeitaufnahmen einer flächigen DBE im gepulsten Betrieb zeigen, dass die Entladung deutlich ausgeprägte Zwischenformen zwischen filamentiert und homogen hat. Hierbei können, wie in Abbildung 2.4 dargestellt, folgende Ausbildungsformen festgestellt werden (Paravia et al. 2008b):

1.) Engkanalige und ausgeweitete Einzelfilamente

2.) Zweidimensionale Linien- und hexagonales Gittermuster

3.) Homogene Entladung

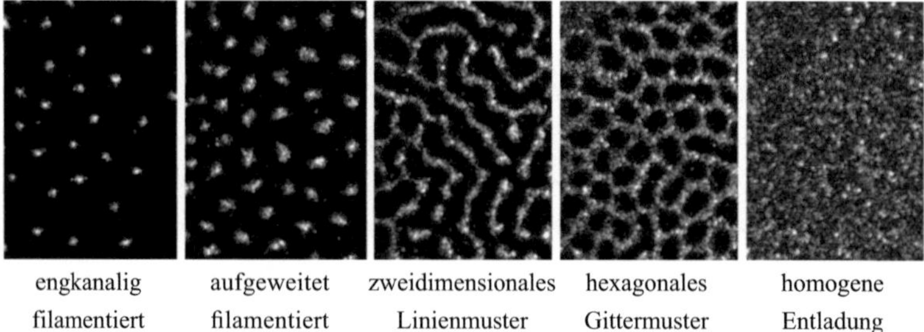

Abbildung 2.4:   Kurzzeitaufnahmen einer einzelnen Entladung bei einem Druck von $p_{Xe} = 150\,mbar$ und einer Repetitionsrate von 40 kHz. Die Entladungsausbildung geht mit steigender Stromdichte von der filamentierten Entladung in die homogene Entladung über. Nach (Paravia et al. 2008b)

Das zweidimensionale Linien- und das hexagonale Gittermuster werden nach (Kogelschatz 2002) zusammengefasst als gemustert bezeichnet. Anzumerken ist, dass die Ausbildungsform der Entladung auch gemischt auftreten kann. So kann die Entladung z. B. in einem Bereich der DBE bereits homogen zünden, während einzelne Teilbereiche noch gemustert zünden. Die filamentierte und gemusterte Entladung erzeugt auf den Barrieren eine ungleichmäßige Restladungsträgerdichte und neigt so zur Ausbildung quasi ortsfester Filamente über mehrere Entladungsperioden. In diesem Zusammenhang sei bereits erwähnt, dass eine hinreichend lange »Totzeit« eine homogene Entladung unterstützt indem durch Ladungsträgerrekombination die räumliche Gleichmäßigkeit der Restladungsträgerdichte steigt (Beleznai et al. 2008b).

2.4   Zündmechanismen und Rückzündung

Als Durchbruch oder Zündung einer Gasentladung wird der Übergang einer nicht leitenden in eine leitende Gasstrecke durch Anlegen eines elektrischen

Feldes bezeichnet. Ausgangspunkt der Entladung ist ein vorhandenes freies Elektron im Gasraum beispielsweise durch natürliche Radioaktivität, Höhenstrahlung oder Restladungen. Durch das angelegte elektrische Feld wird das freie Elektron beschleunigt und kann ein Schwerteilchen durch unelastischen Stoß ionisieren. Es resultieren zwei Elektronen, die ihrerseits wieder ionisieren können.

Drei unterschiedliche Zündmechanismen kommen für die DBE in Betracht, erstens die Townsendzündung, zweitens der Raether-Durchbruch und drittens die Streamerzündung. Die Townsendzündung beschreibt den Durchbruch einer Gasstrecke durch Sekundärelektronenemission an der Kathode für den raumladungsfreien Fall. Bei der Townsendzündung breiten sich nachfolgend mehrere Generationen von Elektronenlawinen aus und verstärken sich. Die Entladung wird selbständig, wenn die effektive Elektronenerzeugung durch sekundäre Verstärkungsmechanismen im Gasraum und an der Kathode größer als der Elektronenverlust im Gasraum ist. Die typische Aufbauzeit einer Townsendzündung liegt im μs-Bereich (Schlumbohm 1960). Niederdruckgasentladungen können nach dem von Townsend beschriebenen Durchbruch zünden, wenn das Produkt aus Druck p und Schlagweite d kleiner 0,26 bar cm ist (Raizer 1991). Der theoretische Ansatz nach Townsend verifiziert unter anderem die Existenz der Paschenkurven und zeigt eine gute Übereinstimmung mit experimentellen Werten (Czichy 2007). Durchbrüche bei höheren pd-Werten oder Überspannungen entwickeln sich schneller als von Townsend beschrieben und zeigen eine Unabhängigkeit von dem Sekundärelektronenkoeffizienten der Kathode. Abgesehen von der Erstzündung einer DBE ist die Gasstrecke während der Zündung einer DBE nicht raumladungsfrei. Die Zündung in einer gepulsten Xe_2^*-DBE kann aufgrund der Townsendschen Forderung nach einer raumladungsfreien Gasstrecke und der langen Aufbauzeit nicht nach Townsend erfolgen (Stockwald 1991).

Der Raether-Durchschlag, auch Lawinengenerations-Durchschlag genannt, beschreibt den Durchbruch einer Gasstrecke bei höheren pd-Werten als die der Townsendzündung. Ähnlich der Townsendzündung durchläuft eine Elektronenlawine die Gasstrecke, zündet aber beim ersten Durchlaufen. Die lokale Elektronendichte in der Elektronenlawine ist so hoch, dass eine Raumladungszone aus ortsfesten Ionen gebildet wird und das elektrische Feld vor der Raumladungszone das von außen angelegte Feld vergrößert. Das Feld der Raumladungszone bewirkt, dass die Lawine von einer bestimmten »kritischen« Verstärkung an schneller weiter wächst und ihre Geschwindigkeit beträchtlich erhöht (Raether 1941a). Zusätzlich wird ein beschleunigter Entladungsaufbau durch Photoionisation extrem kurzwelliger Strahlung in der Nähe des Lawinenkopfes erzeugt (Stockwald 1991). Für eine detaillierte Beschreibung und den Vergleich zur Townsend-Entladung sei direkt auf (Raether 1941a, Raether 1941b) verwiesen.

Die Zündung einer gepulsten Xenon-Excimer-DBE findet nach (Stockwald 1991) gemäß Raether- oder Streamerdurchbruch statt. Die Streamerentladung kann als filamentierter Spezialfall des Raether-Durchbruchs betrachtet werden. Die von der Elektronenlawine zurückgelassenen Ionen bleiben näherungsweise ortsfest. Es bildet sich ein dünner positiv geladener Pfad mit einer maximalen Raumladungszone am Streamerkopf aus. Vor dem Streamerkopf wird die lokale Feldüberhöhung in Form einer sichtbaren Emission, dem kathodenseitigen Streamer bemerkbar. Einhergehend mit der Emission ist ein sehr steiler Anstieg des Entladungsstroms (Roth 2001). Der Streamerdurchbruch wird unterteilt in anoden- und kathodenseitig. Der kathodenseitige Streamer bewegt sich entgegen der Drift-Richtung der Elektronen in Richtung Kathode.

Nach der Zündung der DBE geht die Entladung in eine Glimmentladung über (Paravia et al. 2008a). Da während der Zündung eine Raumladungszone aus quasi ortsfesten Ionen erzeugt wird, kann die DBE nach der Zündung wie eine Glimmentladung beschrieben werden. Eine Glimmentladung beschreibt dabei allgemein eine raumladungsbegrenzte Entladung mit geringer Stromdichte. Die Temperatur der Elektroden bleibt gering, so dass eine thermische oder thermisch-unterstützte Elektronenemission ausbleibt und die Sekundärelektronenemission durch das Gas und Elektrodenmaterial bestimmt wird. Die Entladung wird unterteilt in den Kathodenfall, positive Säule und Anodenfall. Als Kathodenfall wird die Spannung über der Gasstrecke zwischen Kathode und positiver Raumladungszone (RLZ) vor der Kathode bezeichnet. Die positive Säule ist die quasineutrale Strecke zwischen RLZ und dem Anodenfall. Der Anodenfall wird gebildet, da die Anode keine Ionen emittiert, so dass die Stromkontinuität über einen größeren Elektronenstrom im erhöhten E-Feld aufrechterhalten wird (Heering 2005).

Die DBE bleibt in der Glimmphase nach der Zündung als Glimmentladung erhalten, wenn ein eingeprägter Strom die Entladung bis zur Stromkommutierung unterhält. Eine Thermalisierung des Plasmas kann verhindert werden, wenn die Entladung durch Ladungsträgerakkumulation oder Stromkommutierung erlischt und die »Totzeit« zwischen den Zündungen ausreichend lang ist.

Im nicht homogenen Betrieb ist die Ladungsträgerakkumulation auf den Barrieren lokal unterschiedlich. Diese Fluktuationen in der Ladungsträgerdichte bestimmen für die nachfolgende Zündung die Startbedingung. Die nachfolgende Zündung ist räumlich stochastisch um die lokalen Maxima der Ladungsträgerdichte verteilt und es treten einzelne Filamente auf. Ziel der elektrischen Anregung muss also eine gleichmäßige räumliche Verteilung der Ladungsträgerdichte nach der Zündung sein. Dies kann, wie in dieser Arbeit gezeigt wird, durch eine Rückzündung der DBE wenige hundert ns bis wenige µs nach der ersten Zündung der DBE erreicht werden.

Die Rückzündung der DBE verläuft analog zur ersten Zündung mit identischen Zündmechanismen. Die Rückzündung kann ohne Energieeinkopplung aus dem externen Betriebsgerät zünden. (Liu et al. 2003) führt die Energieeinkopplung auf die Restladungsträger der ersten Zündung zurück. Demnach werden die Restladungsträger von der ersten Zündung generiert und von der Rückzündung der DBE gelöscht. Gleichzeitig untersucht (Liu et al. 2003) die Entladung mit zeit- und ortsaufgelösten Messungen im VUV. Bei einer filamentierten ersten Zündung wird von einer homogeneren Rückzündung (zweiten Zündung) mit größerem Entladungsvolumen berichtet. Die Rückzündung der DBE hat also einen entscheidenden Einfluss auf die verbleibende Restladungsdichte und -verteilung auf den Barrieren.

Übereinstimmend berichten (Somekawa et al. 2005) für Ne und N_2, dass die Rückzündung der DBE wichtig für die Realisierung einer homogenen Entladung ist, da die Nicht-Gleichmäßigkeit der Restladungen eliminiert wird. Diese Nicht-Gleichmäßigkeit ist ein selbst verstärkender Effekt und führt zur Filamentierung. Somit kann mit einer Rückzündung an der fallenden Flanke die Restladungsverteilung verringert und gleichmäßiger gestaltet werden. Dieser Effekt konnte auch für Xenon bestätigt werden (Paravia et al. 2007).

2.5 Druckabhängigkeit der Xe_2^*-Entladung

Die Druckabhängigkeit der Entladung wurde im Hinblick auf Zündspannung, Effizienz und die spektrale Emission bereits eingehend untersucht. Nach (Kling 1997) steigt die Zündspannung im rechten Ast der Paschenkurve monoton mit dem Produkt aus Druck p_{Xe} und Schlagweite d_{Gap}. Die Zündspannung ist weitergehend abhängig von der Restladungsträgerdichte und sinkt mit steigender Repetitionsrate (Neiger et al. 1994). Durch die Restladungsträgerdichte kann die über dem Gasraum gemessene Zündspannung deutlich unter der experimentellen ermittelten Zündspannung mit metallischen Elektroden liegen (Bhattacharya 1976, Merbahi et al. 2007). Zusätzlich ist die Zündspannung von dem Sekundärelektronenkoeffizienten γ der Barriere abhängig (Auday et al. 2000). Zur Reduzierung der Zündspannung zum Beispiel in Plasma Display Panels wird eine Penningmischung aus wenigen Prozent Xenon in Neon verwendet. Der Penning-Effekt beschreibt das Heraufsetzen des Elektronen-Ionisierungskoeffizienten und damit die Reduzierung der Zündspannung. Nach (Boeuf et al. 1997) spielt der Penning-Effekt jedoch keine signifikante Rolle in Mischungen mit »mehr als ein paar Prozent Xenon«. Liegt der Xenon-Anteil darüber, geht der Hauptteil der Elektronenenergie direkt in Xe-Anregung und Xe-Ionisierung.

(Mildren et al. 2001a) berichten von einer Effizienzsteigerung um bis das 3,2-Fache bei einem homogenen Pulsbetrieb mit Pulsweiten von 150 ns im Vergleich zum filamentierten Betrieb mit sinusförmiger Spannung. Eine Steigerung der VUV-Strahlungsleistung um den Faktor 2,6 bei Pulsbetrieb wurde im Vergleich zur Sinusanregung erreicht (Abbildung 2.5a). Wie in Abbildung 2.5b ersichtlich ist, steigt die Effizienz monoton mit dem Xenondruck beim Pulsbetrieb, während die Effizienz beim Sinusbetrieb nur leicht mit dem Xe-Druck variiert. Anzumerken ist, dass die maximale Effizienz- und Leistungsdichtesteigerung der gepulsten Entladung im Vergleich mit einer filamentierten Entladung (Dünnfilament) erzielt wurden. Aufgrund dessen und durch den geringeren Xe-Druck von $p_{Xe} = 125$ mbar wird in dieser Arbeit durch Pulsbetrieb nur eine Effizienzsteigerung um den Faktor 1,6 erreicht (vgl. Kapitel 6.5).

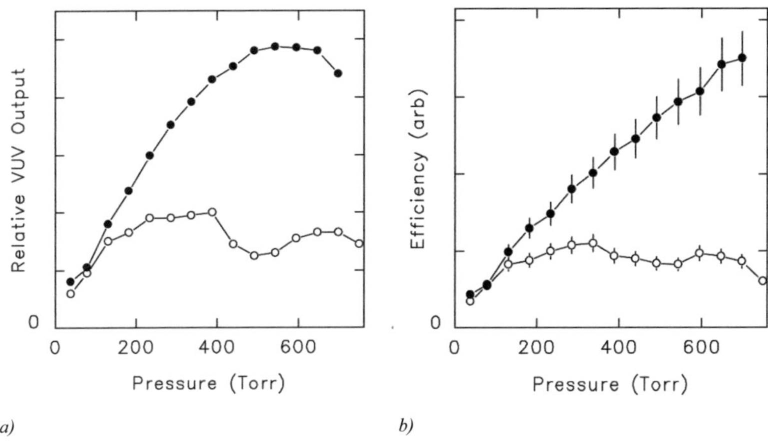

a)   b)

*Abbildung 2.5: VUV-Strahlungsleistung a) und Effizienz b) als Funktion des Druckes für Pulsbetrieb
(schwarze Punkte) und Betrieb mit sinusförmiger Spannung (weiße Punkte). Quelle:
(Mildren et al. 2001a)*

Bereits in Kapitel 2.2 wurde dargestellt, dass die Abreaktion des Xenon-Excimers aus dem hoch angeregten Schwingungszustand in das Rydberg-Minimum druckabhängig ist. Die elektrische Anregungsform, die Repetitions-rate, die Leistungsdichte und die Ausbildungsform zeigt keinen Einfluss auf das Emissionsspektrum (Liu et al. 2003, Sewraj et al. 2009). Nach (Liu et al. 2003) wird bei geringen Drücken p_{Xe} < 40 mbar vornehmlich Resonanzstrahlung mit λ = 147 nm emittiert. Im Bereich mittlerer Drücke bis p_{Xe} < 100 mbar kann ein Teil der Schwingungsenergie abgegeben werden und das Spektrum verschiebt sich in das erste und zweite Excimerkontinuum. Ab einem Druck p_{Xe} > 100 mbar kann die Schwingungsenergie gut über Stöße abgegeben werden und das zweite Excimerkontinuum um λ = 172 nm dominiert. Bereits zuvor untersuchten (Gellert et al. 1991) die Druckabhängigkeit einer Xenon-Excimer-DBE mit LiF-Fenster und gaben den dominierenden Druckbereich der Reso-nanzlinie bis p_{Xe} < 50 mbar an. Weiter ist nach (Gellert et al. 1991) auch für einen Druck von p_{Xe} = 100 mbar der Anteil des ersten Kontinuums nicht ver-nachlässigbar. Die Druckabhängigkeit nach (Gellert et al. 1991) ist in Abbildung 2.6 wiedergegeben. Auffällig ist das Fehlen der Resonanzlinie ab einem Druck von p_{Xe} = 70 mbar. (Jinno et al. 2005) und (Sewraj et al. 2009) führten vergleichbare Untersuchungen mit einem MgF_2-Fenster durch und zeigten, dass die Resonanzlinie erst bei einem Druck $p_{Xe} = 100$ mbar näherungsweise null ist.

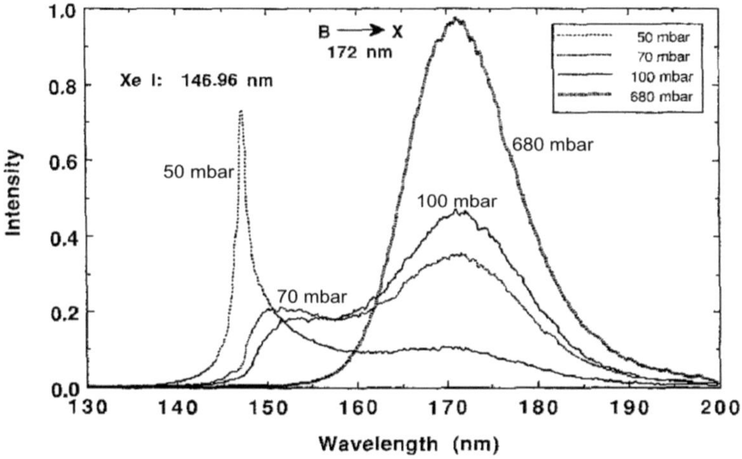

Abbildung 2.6: *Druckabhängigkeit des Xenon-Excimerspektrums einer DBE mit LiF-Fenster (Gellert et al. 1991). Anmerkung: Das Xenon-Excimerspektrums wurde mit unbekannter optischer Weglänge in Xenon gemessen*

Problematisch an den genannten spektralen Messungen ist, dass die Reabsorption der Resonanzlinie bei unbekannter optischer Weglänge in Xenon nicht korrekt berücksichtigt werden konnte, da die Resonanzstrahlung reabsorbiert wurde. Die Aussage, mit welcher spektralen Zusammensetzung der Phosphor in einer Xe_2^*-DBE angeregt wird, kann den Messungen nicht entnommen werden. Infolge wurde die Druckabhängigkeit des Xenon-Excimerspektrums an einer speziell konstruierten MgF_2-Lampe in dieser Arbeit erneut untersucht. In der beidseitig behinderten DBE bildet ein MgF_2-Fenster eine Barriere, wodurch das tatsächliche Anregungsspektrum des Phosphors ausgekoppelt werden kann. In Kapitel 6.2 wird gezeigt, dass die Resonanzstrahlung erst bei Drücken $p_{Xe} > 500$ mbar vernachlässigt werden kann.

3 Strahler und Messverfahren

Dieses Kapitel gibt, beginnend mit den verwendeten Flachlampen, den koaxialen Hochleistungsstrahlern und der MgF$_2$-Laborlampe, einen Überblick über die experimentellen Methoden der Arbeit.

Für die Untersuchungen der erreichbaren Leistungsdichte und Plasma-Effizienz wurden neuartige koaxiale Hochleistungsstrahler entwickelt, hergestellt und gefüllt. Die bereits von (Trampert 2009) verwendeten Gas-Füllstände wurden jeweils um einen Durchflussgetter SAES FaciliTorr FT400-902 vor der DBE ergänzt. Der Durchflussgetter reduziert die O$_2$-Verunreinigung auf Werte kleiner 1 ppb und sichert eine konstante Gasqualität.

Infolge des geringen zeitlichen Abstandes zwischen (Trampert 2009) und dieser Arbeit wird auf die gleichartig durchgeführte optische und elektrische Diagnostik nur verwiesen. Geänderte und neuartige Methoden werden im Folgenden beschrieben. Dies sind eine abgewandelte Bestimmung der inneren Größen einer DBE mit numerisch integrierter Wandspannung in Kapitel 3.2, die Strahlungsflussbestimmung in Kapitel 3.3 und die Plasma-Effizienzbestimmung in Kapitel 3.4.

3.1 Strahler

3.1.1 Flachlampen

Die Flachlampen bestehen aus zwei Glasplatten (Kalk-Natron-Glas Typ »Planilux«), die durch einen Glaslotrahmen den Gasraum gasdicht verschließen. Die maximale Größe der Lampen beträgt 60 x 60 cm^2. Die phosphorbeschichtete aktive (Elektroden-)Fläche $A = 0{,}2$ m^2 ist kleiner gewählt, so dass transparente Bereiche in der Lampe erhalten bleiben. In Abbildung 3.1a) ist eine Variante der Lampe mit vier Licht emittierenden Quadraten dargestellt. Die Flachlampe ist mit einer sinusförmigen Anregung unter den Markennamen »Planilum« und »PURA« verfügbar (Waite 2008). Anwendungsgebiet der Flachlampe ist die dekorative Innenraumbeleuchtung, da die Lampe gleichzeitig die Leuchte ist (Abbildung 3.1a)). Integriert in die Außenfassade ist die Flachlampe auch als Außenbeleuchtung geeignet.

Abbildung 3.1b) zeigt die »Laborlampe« genannte Flachlampe, die an einem Füllstand permanent evakuiert und für Messungen mit Xe gefüllt wird.

a)

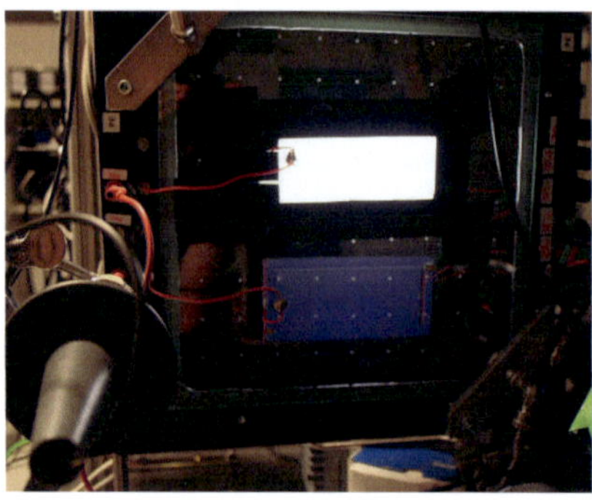
b)

Abbildung 3.1:   a) Xe-Excimer-Flachlampe der Fa. Saint Gobain mit 60 cm Kantenlänge (Waite 2008) b) Xe-Excimer-Laborlampe mit partieller Leuchtstoffbeschichtung

Der Aufbau der Laborlampe ist als Schnittdarstellung in Abbildung 3.2a) dargestellt. Es handelt sich um eine beidseitig behinderte Entladung mit einer Schlagweite $d_{Gap} = 2$ mm. Abstandshalter im Gasraum stützen die Lampe während der Evakuierung und Füllung und verbleiben im Gasraum. PET-Folien mit lithographisch strukturierten Kupferelektroden bilden die aktive Fläche A.

Ein Teilbereich der Lampe ist zur Effizienzuntersuchung mit Phosphor beschichtet. Ein zweiter Teilbereich ist unbeschichtet, um Kurzzeitaufnahmen der Entladung aufnehmen zu können. Auf Grund der Abklingzeit der Phosphors im ms-Bereich und der Lichtstreuung ist dies in beschichteten Bereichen nicht möglich.

Die aktive Fläche wird von einem Guard umgeben. Der Guard wird parallel zur aktiven Fläche betrieben und ermöglicht ein homogenes Feld innerhalb der aktiven Fläche, so dass Randeffekte durch Feldverzerrung vernachlässigt werden können. Vorteilhaft ist, dass alle mit der Fläche skalierende Größen wie Stromdichte und Leistungsdichte als flächenspezifische Größen angegeben werden können, was eine Skalierung der Ergebnisse auf beliebige Elektrodenflächen erlaubt (Trampert 2009).

Wegen der notwendigen Hochspannung wird die kommerziell verfügbare Lampe galvanisch durch zwei weitere Glasplatten isoliert (Berührschutz). Dies ist in Abbildung 3.2b) dargestellt.

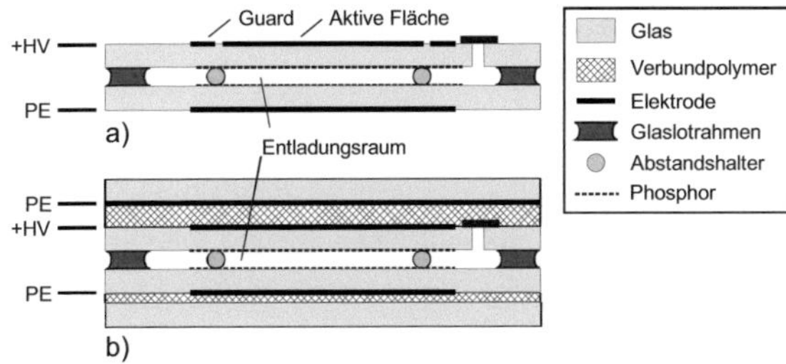

Abbildung 3.2: Schnittdarstellung der ungeschirmten Laborlampe mit Guard (a)) und Lampe mit einseitigem Schirm (b)

Zur EMV-Schirmung ist eine Schirmelektrode aufgebracht, die einen Kondensator C_p parallel zur DBE bildet. Die Schirmelektrode ist mit einem Verbundpolymer mit der Lampe verbunden (Abbildung 3.2b). Im Betrieb wird eine Elektrode auf Erdpotential, die andere auf Hochspannung gelegt. Weshalb nur die Hochspannungselektrode geschirmt ist. Diese Anordnung wird als unsymmetrisch bezeichnet. Alle Kenngrößen der Laborlampe und der »Planilum« sind Tabelle 3.1 zu entnehmen.

Tabelle 3.1: Kenngrößen Flachstrahler

Parameter	*Laborlampe*	*Planilum*
Aktive Fläche A	54 cm^2	2000 cm^2
Guard	Breite ca. 1 cm	nein
Schlagweite d_{Gap}	2 mm	2 mm
Barrieredicke $d_{Barriere}$	2 x 3,15 mm Glass + 2 x 0,1 mm PET	2 x 3,15 mm Glass + 2 x 0,1 mm PET
Permittivität $\varepsilon_{r,Barriere}$	Glas: 8,4 ($f = 40$ kHz) PET: 3,5 ($f = 40$ kHz)	Glas: 8,4 ($f = 40$ kHz) PET: 3,5 ($f = 40$ kHz)
Vakuumkapazität C_{Gap}	23,9 pF	873 pF
Lampenkapazität C_{Lampe}	17,0 pF	588 pF
Barrierenkapazität $C_{Barriere}$	59,2 pF	1800 pF
Parallel-Kondensator C_p	$C_p = C_{Lampe}$	$C_p = 1000$ pF $- 2200$ pF (typabhängig)

3.1.2   Koaxiale Hochleistungsstrahler

Im Rahmen dieser Arbeit wurden doppelwandige, koaxiale Hochleistungsstrahler aus synthetischem Quarzglas »Suprasil« hergestellt und gefüllt. Für die Konstruktion der Koaxialstrahler liegt das Hauptaugenmerk auf dem Kompromiss zwischen effizienter Strahlungsauskopplung (siehe Kapitel 3.4) und homogenem Betrieb bei hoher Leistungsdichte. Einerseits sollte die Schlagweite möglichst groß sein, um eine hohe Leistungsdichte zu erreichen. Anderseits muss die vom Druck p_{Xe} und der Schlagweite d_{Gap} abhängige Strahlerspannung auch technisch realisierbar sein.

Deshalb wurde die maximale Lampenspannung auf einen industriell handhabbaren Wert von $u_{Lampe} \approx 5\,\text{kV}$ begrenzt. Damit liegt die Schlagweite für $200\,\text{mbar} \leq p_{Xe} \leq 400\,\text{mbar}$ im Bereich $4\,\text{mm} \leq d_{Gap} \leq 6\,\text{mm}$.

Die innere Barriere besteht aus HLX mit einem Außendurchmesser $d_i = 3\,\text{mm}$. HLX ist für die Excimerstrahlung nicht transparent, weshalb der Durchmesser der inneren Barriere klein gehalten wird. Die Wandstärke der inneren Barriere beträgt $W = 0{,}5\,\text{mm}$. Im Inneren wurden dünne Kupferdrähte als Elektrode verwendet.

Die Wandstärke der äußere Barriere beträgt $W = 1\,\text{mm}$. Die äußere Elektrode besteht aus einem feinmaschigen metallischen Edelstahl-Drahtnetz, das gereinigt über die Barriere gezogen wird (Abbildung 7.3). Der Durchmesser der äußeren Barriere wurde für die experimentellen Untersuchungen variiert. Ein guter Kompromiss zwischen Auskoppeleffizienz und maximaler Spannung stellt ein Durchmesser $14\,\text{mm} \leq d_a \leq 16\,\text{mm}$ dar. Dies entspricht einer Schlagweite $d_{Gap} = 4{,}5 - 5{,}5\,\text{mm}$.

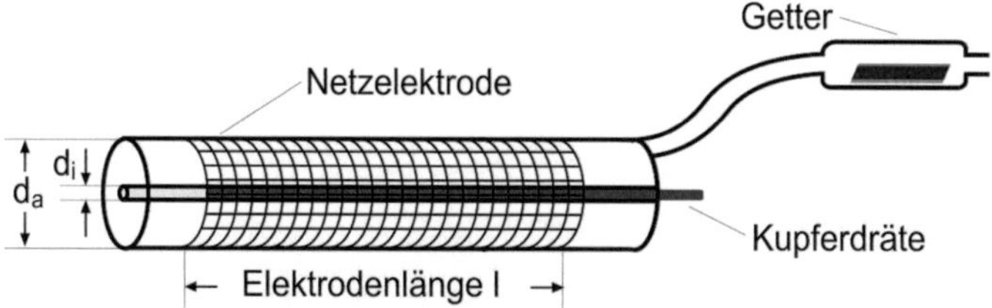

Abbildung 3.3:   Schematische Darstellung der koaxialen Hochleistungsstrahler

Insgesamt wurden 10 Strahler gefertigt. Alle Strahler wurden vor der Füllung mit Xenon 4.8 an dem Xenon-Füllstand (Trampert 2009) evakuiert, gespült oder ausgeheizt. Die besten Ergebnisse wurden durch Ausheizen der Strahler bei ca. 800 – 900 °C für > 16 h erreicht. Hierdurch konnte die Sauerstoffverunreinigung der Strahler minimiert werden. Zur weitern Verbesserung wurden Hochtemperaturgetter Typ 107 der Fa. SAES in den Füllstutzen eingebracht und vor dem Abschmelzen der Lampen aktiviert. Diese Getter verbleiben an den Strahlern und reinigen das Gas von eventuell im Betrieb von der Quarzoberfläche abgelösten Verunreinigungen wie H_2O. Eine Übersicht der in dieser Arbeit diskutierten Strahler ist Tabelle 3.2 zu entnehmen.

Tabelle 3.2: Verwendete koaxiale Hochleistungsstrahler

Strahler	Barriere, innen d_i	Barriere, außen d_a	Schlagweite d_{Gap}	Elektroden- länge l	p_{Xe}
VUV-K-1	3 mm	16 mm	5,5 mm	100 mm	210 mbar
VUV-K-9	3 mm	14 mm	4,5 mm	100 mm	300 mbar
VUV-K-2	3 mm	16 mm	5,5 mm	100 mm	400 mbar

3.1.3 MgF$_2$-Laborlampe

Durch die Absorptionskante von synthetischem Quarzglas um $\lambda = 155$ nm bei Zimmertemperatur kann die Resonanzstrahlung und das erste Kontinuum nicht an den Hochleistungsstrahlern untersucht werden. Folglich wurde ein Strahler mit MgF$_2$-Fenster konstruiert, der die spektroskopische Untersuchung des Xenon-Excimerspektrum ermöglicht. Die Besonderheit liegt in der Lampengeometrie, welche eine Gasentladung senkrecht zum MgF$_2$-Fenster ermöglicht.
Die MgF$_2$-Laborlampe ist beidseitig behindert und wurde aus zwei ineinander verschmolzenen Zylindern aufgebaut. Der äußere Zylinder besteht aus einem Quarzglas-Glas-Schachtelhalm mit geklebtem MgF$_2$-Fenster. Der innere Zylinder wird durch eine Quarzglasplatte plan abgeschlossen. Die Schlagweite des Gasraumes beträgt $d_{Gap} = 2{,}25$ mm $\pm$ 0,25 mm[1]. Eine Skizze ist in Abbildung 3.4 enthalten. Durch diese Geometrie der Lampe wird sichergestellt, dass die erzeugte Strahlung vom Monochromator detektiert wird und es zu keiner zusätzlichen Reabsorption in der Lampe kommt. Für eine Barrierendicke von $d_{MgF2} = 3$ mm wird die Transmission von MgF$_2$ im Bereich $\lambda > 147$ nm als

---

[1] Die exakte Schlagweite kann durch die komplizierte Herstellung der Lampe nicht bestimmt werden, da der Entladungsraum messtechnisch nicht zugänglich ist.

spektral aselektiv angenommen. Das gemessene Excimerspektrum entspricht somit dem Anregungsspektrum einer phosphorbeschichteten Xe_2^*-DBE.

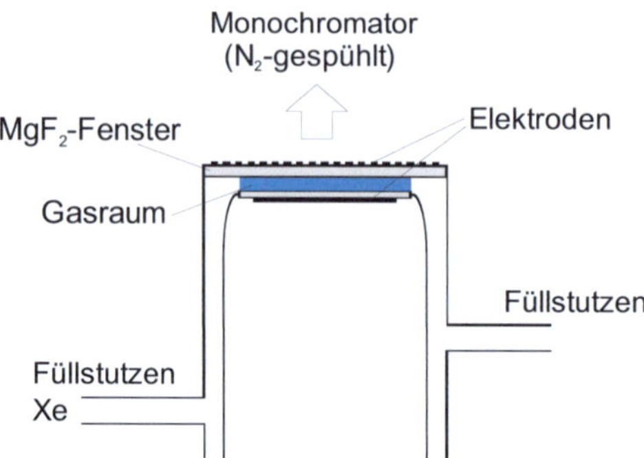

Abbildung 3.4:   Skizze der MgF₂-Laborlampe. Die Xenon-Excimerstrahlung wird durch ein MgF2-Fenster und eine Lochblech-Elektrode in einen N₂-gespülten Monochromator einge-koppelt.

Die Xe_2^*-Strahlung wird durch das MgF_2-Fenster in einen N_2-gespülten Monochromator eingekoppelt. Die spektrale Bandbreite des Monochromators McPHERSON 234/302VM 0.2 Meter beträgt $\Delta\lambda = 0,8$ nm. Der Monochromator wurde mit der Deuteriumlampe V03-V0261 (PTB 2006) spektral kalibriert.

Ein Lochblech bildet die semitransparente Kathode. Diese wird zwischen MgF_2-Fenster und Eintrittsöffnung des Monochromators geklemmt. Der Monochromator und die Lampe sind gasdicht mit einem weiteren Glaszylinder verschlossen, um eine sauerstofffreie inerte Atmosphäre zu sichern. Die Anode wird an den Innenkolben der Lampe gedrückt.

Die MgF_2-Laborlampe wird an einem Xenon-Füllstand permanent evakuiert und vor den Messungen mit Xenon 4.8 gefüllt. Die MgF_2-Laborlampe wird an dem resonanten Puls-Betriebsgerät betrieben. Wegen der geringen Lampenkapazität $C_{DBE} = 1{,}1$ pF wird eine Parallel-Kondensator $C_p = 940$ pF parallel zur Lampe betrieben. Ohne Parallel-Kondensator würde die Ausgangskapazität des Feldeffekttransistors (S_2) im resonanten Puls-Betriebsgerät überwiegen und die verbleibende Energie könnte dem Resonanzkreis nicht entnommen werden. Die technischen Daten der Lampe sind in Tabelle 3.3 enthalten.

Tabelle 3.3: MgF₂-Laborlampe für Excimer-Spektroskopie

Parameter	*Wert*
Emissionsfenster	MgF_2
MgF_2-Transmissionsgrenze λ_{Grenz}	115 nm
Durchmesser, MgF_2-Fenster D_{MgF2}	40 mm
Barrierendicke MgF_2-Fenster d_{MgF2}	3 mm
Durchmesser, Innenelektrode D_i	23 mm
Barrierendicke, Innenzylinder d_i	1,5 mm
Schlagweite d_{Gap}	2,25 mm $\pm$ 0,25 mm
Füllgas	Xenon 4.8
Fülldruck p	beliebig ($\leq$ 1 bar)
Lampenkapazität C_{DBE}	1,1 pF
Parallel-Kondensator C_p	940 pF

3.2 Innere elektrische Größen

Die Methode zur Bestimmung der inneren Größen geht auf (Roth 2001) zurück, weshalb die Herleitung an dieser Stelle nur in verkürzter Form wiedergegeben wird. Es liegt das Ersatzschaltbild aus Abbildung 3.5a) zugrunde. Der Aufbau einer beidseitig behinderten DBE entspricht der Reihenschaltung der beiden Dielektrikumskapazitäten $C_{Barriere1}$, $C_{Barriere2}$ und der Vakuumkapazität des Entladungsraumes C_{Gap}. Für eine beidseitig behinderte DBE können $C_{Barriere1}$ und $C_{Barriere2}$ zur Barrierenkapazität $C_{Barriere}$ zusammengefasst werden. Parallel C_{Gap} liegt im gezündeten Plasma die zeitabhängige und nichtlineare Plasmaimpedanz Z_{Plasma}.

Wie in Abbildung 3.5a) dargestellt, teilt sich die Lampenspannung u_{Lampe} in die Spannung über den Barrieren $u_{Barriere}$ und der Gapspannung u_{Gap} auf. Es gilt:

$$u_{Lampe}(t) = u_{Barriere}(t) + u_{Gap}(t) \tag{3.1}$$

Der Lampenstrom i_{Lampe} teilt sich im Gasraum in einen Blindstromanteil i_{blind} durch C_{Gap} und einen Plasmastromanteil i_{Plasma} auf.

$$i_{Lampe}(t) = i_{blind}(t) + i_{Plasma}(t) \tag{3.2}$$

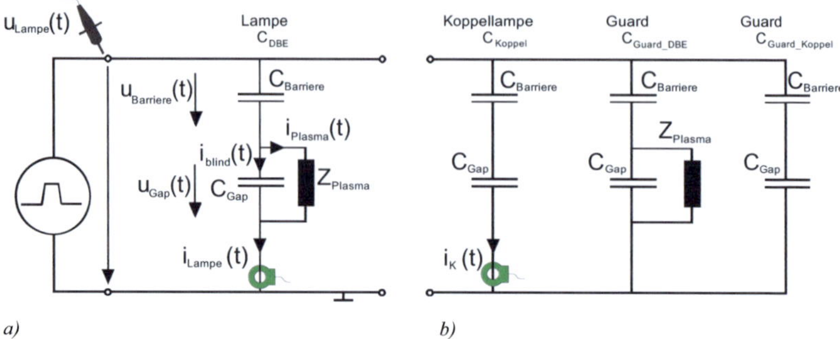

Abbildung 3.5: a) Erschatzschaltbild der inneren Größen an einer DBE b) Messchaltung zur Bestimmung der inneren Größe mit Koppellampe C_{Koppel} und den Guards

Die Gesamtkapazität der Lampe wird C_{DBE} genannt. Zur Messung der inneren Ströme und Spannungen wird die DBE parallel einem Koppelkondensator C_{Koppel} und parallel zu den Guards betrieben. Es wird gewählt:

$$C_{DBE} = C_{Koppel} \qquad (3.3)$$

Die Guards sichern ein homogenes elektrisches Feld im aktiven Entladungsraum. Da die Ströme in den Guards nicht erfasst werden müssen, werden diese nachfolgend vernachlässigt. Die Kapazität der beiden Phosphorschichten wird an dieser Stelle aufgrund der geringen Dicke ($10 - 20$ µm) im Vergleich zu den Wanddicken vernachlässigt. Der Einfluss einer nicht perfekt leitfähigen Elektrode sei ebenfalls vernachlässigt.

Die Wandkapazitäten $C_{Barriere1}$ und $C_{Barriere2}$ bilden eine Serienschaltung von Kondensatoren und können nach Gleichung (3.4) zur Wandkapazität $C_{Barriere}$ zusammengefasst werden:

$$C_{Barriere} = \frac{C_{Barriere1} \cdot C_{Barriere2}}{C_{Barriere1} + C_{Barriere2}} \qquad (3.4)$$

Die Ströme i_{Lampe}, i_{Plasma} und die Spannung u_{Lampe} sind durch den Transformator mittelwertfrei. Geringe Abweichungen sind der oszilloskopischen Messung zuzuordnen. Die Spannung über den Barrieren kann folglich numerisch berechnet werden:

$$u_{Barriere}(t) = \frac{1}{C_{Barriere}} \int_0^t i_{Lampe}(t)\, dt \quad f\ddot{u}r \quad \overline{i_{Lampe}(t)} = 0 \qquad (3.5)$$

Da sich die Wandkapazität $C_{Barriere}$ und C_{Gap} während des Betriebs der DBE nicht ändert (Liu et al. 2001), ist auch das Verhältnis von $C_{Barriere}$ zu C_{Gap} konstant und die Spannung u_{Gap} kann aus der der Differenz der Lampenspannung u_{Lampe} und $u_{Barriere}$ berechnet werden:

$$u_{Gap}(t) = u_{Lampe}(t) - \frac{1}{C_{Barriere}} \int_0^t i_{Lampe}(t)\, dt \tag{3.6}$$

Für die Spannungen an einem Kondensator gilt allgemein:

$$\frac{du_{Barriere}}{dt} = \frac{1}{C_{Barriere}} i_{Lampe}(t) \tag{3.7}$$

$$\frac{du_{Gap}}{dt} = \frac{1}{C_{Gap}} i_{blind}(t) \tag{3.8}$$

Im Moment der Zündung der Lampe fließt ein Differenzstrom i_{diff} aus der Koppellampe in die aktive Lampe. Dieser ist definiert als:

$$i_{diff}(t) = i_{Lampe}(t) - i_K(t) \tag{3.9}$$

Wie (Roth 2001) zeigt, ergibt sich nach der Umformung von Gleichung (3.9) und Einsetzen von (3.2) bis (3.7) für den Plasmastrom i_{Plasma}:

$$i_{Plasma}(t) = \left(1 + \frac{C_{Gap}}{C_{Barriere}}\right) i_{diff}(t) \tag{3.10}$$

Für die Plasmaleistung gilt folglich:

$$p_{Plasma}(t) = i_{Plasma}(t) \cdot u_{Gap}(t) \tag{3.11}$$

Die Lampenspannung u_{Lampe}, der Lampenstrom i_{Lampe} und die Differenz der Ströme i_{Lampe} und i_k werden oszilloskopisch mit einem Digitalspeicheroszilloskop (DSO) Agilent 54831b erfasst. Der noch zur Verfügung stehende, vierte Kanal des DSOs zeichnet mit einem Photomultiplier Hamamatsu R632 und Transmissionsfilter RG 780 zeitaufgelöst den relativen Strahlungsfluss im NIR auf. Über den relativen Strahlungsfluss im NIR kann auf den Zündungszeitpunkt und auf die Anzahl der Zündungen der DBE geschlossen werden (Yoon et al. 2000). Anzumerken ist, dass die Bestimmung der Ausbildungsform der Entladung durch Kurzzeitaufnahmen im NIR sowohl für den Sinusbetrieb als auch im gepulsten Betrieb möglich ist (Mildren et al. 2002). In dieser Arbeit wird hierfür eine ICCD-Kamera Typ Dicam PRO der Firma PCO mit Transmissionsfilter RG 780 verwendet.

3.3   Goniometrische Strahlungsflussbestimmung im VUV

Der Strahlungsfluss im VUV-Spektralbereich wird in dieser Arbeit radiometrisch bestimmt. Das verwendete VUV-Goniometer (siehe Abbildung 3.6) besteht aus einem 1-m-VUV-Monochromator Minuteman 310 NIV mit Gitter $g = 600$ l/mm und einem Hauptrezipienten. Der Rezipient ist mit einem MgF_2-Diffusor mit dem Eingangsspalt des VUV-Monochromators verbunden. Die optische Weglänge zwischen Lampendrehachse und dem MgF_2-Diffusor beträgt 120 cm.

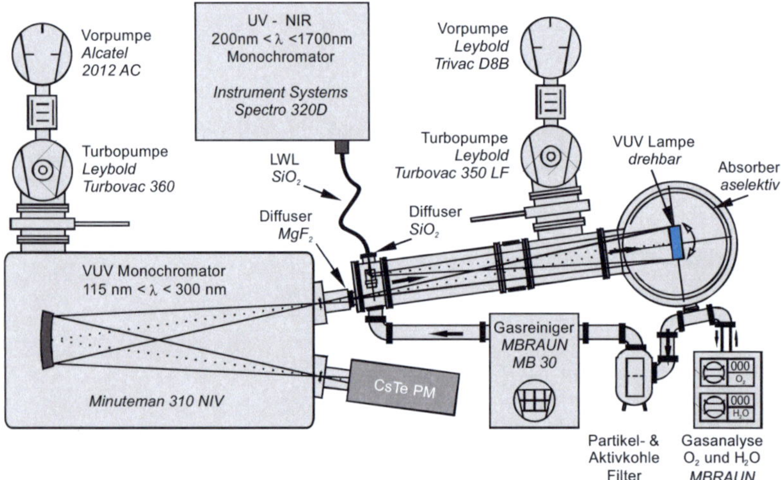

Abbildung 3.6:   *VUV-Goniometer bestehend aus einem evakuierbaren Rezipienten, VUV- und UV-NIR-Monochromator und Gasreiniger*

Im Spektralbereich von $\lambda = 145$ nm bis $\lambda = 300$ nm wurde das VUV-Goniometer mit einer Deuteriumlampe V03-V0261 (PTB 2006) auf spektrale Strahlstärke absolut kalibriert.

Zur Unterdrückung des Streustrahlungsanteils durch Reflexion an der Innenwand des Hauptrezipienten dient ein verrußtes, gebogenes Alublech als Absorber. Zusätzlich sind vier Blenden zur Reduktion der Streustrahlung eingebaut.

Um eine gleichzeitige Messung im VUV-Spektralbereich und UV-VIS-NIR vornehmen zu können, wurde die optische Strecke mit einem Umlenkspiegel um einen Anschluss (UV-VIS-NIR) erweitert. Der VUV-UV-Anschlussflansch (115 – 320 nm) ist mit einem MgF_2-Diffusor abgeschlossen, während der UV-

NIR-Anschlussflansch (200 – 1100 nm) mit einem Quarzglasdiffusor abgeschlossen ist. Für eine genaue Beschreibung des Aufbaus und der optischen Wegstrecke wird auf (Trampert et al. 2007) verwiesen.

Aufgrund der fehlenden Konvektion im Vakuum erhitzen sich die Strahler wesentlich stärker als bei Atmosphärenbetrieb. Durch diese Temperaturerhöhung verschiebt sich die Transmissionskante des verwendeten synthetischen Quarzglases (Franke et al. 2006). Für die Messung an den koaxialen Hochleistungsstrahlern wurde deshalb als inerte Messatmosphäre Stickstoff gewählt. Die Grenzwellenlänge von Stickstoff liegt nach (Okabe 1978) bei $\lambda_{Grenz} = 145$ nm. Damit ist die Grenzwellenlänge der Messatmosphäre kleiner als die des synthetischen Quarzglases mit $\lambda_{Grenz} = 162$ nm für Suprasil (Heraeus 2005).

Der ermittelte Strahlungsfluss Φ eines Strahlers entspricht dem Dreifachintegral der spektralen Strahlstärke I über den Vollraum in Kugelkoordinaten.

$$\Phi = \int_{\lambda_1}^{\lambda_2} \int_0^{2\pi} \int_0^{\pi} I(\lambda,\varphi,\gamma)\sin(\gamma)\,d\lambda\,d\gamma\,d\varphi \tag{3.12}$$

Ist ein Strahler und die Entladung rotationssymmetrisch, kann die Strahlstärke, wie in Abbildung 3.7 skizziert, bei einem festen Höhenwinkel γ entlang dem Breitenwinkel φ gemessen werden.

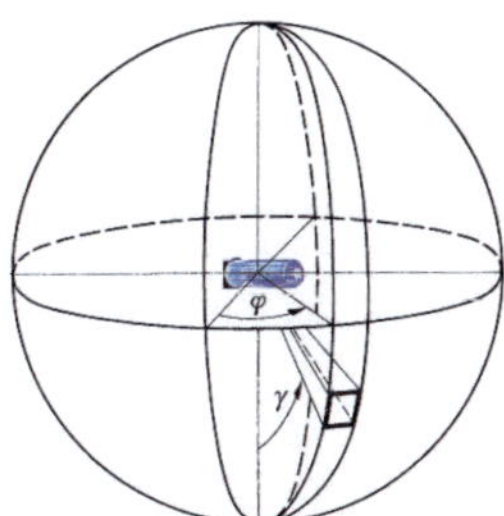

Abbildung 3.7: Kugelkoordinatensystem mit Höhenwinkel γ und Breitenwinkel φ

Die Annahme der Rotationssymmetrie ist für koaxiale DBEs möglich, da die Entladung thermisch nicht ausgelenkt ist (Trampert et al. 2007). Mit der vereinfachenden Annahme der Rotationssymmetrie kann Gleichung (3.12) zusammengefasst werden zu:

$$\Phi = 4 \int\limits_{\lambda_1}^{\lambda_2} \int\limits_0^{\pi} I(\lambda, \varphi) \, d\lambda \, d\varphi \tag{3.13}$$

Die Integration erfolgt mit einer endlichen Abtastbreite und endlich kleinen Intervallen. Daher wird das Integral aus Gleichung (3.13) durch eine Doppelsumme ersetzt:

$$\Phi = 4\pi \sum_{i=1}^{n_\lambda} \sum_{j=1}^{n_\varphi} I(\lambda_i, \varphi_j) \cdot \frac{\lambda_{Ende} - \lambda_{Beginn}}{n_\lambda n_\varphi} \tag{3.14}$$

Die Differenz $\lambda_{Ende} - \lambda_{Beginn}$ beschreibt die Messbereichsgrenzen, n_λ die Stützstellenanzahl der spektralen Messung und n_φ die Stützstellenanzahl für die Betrachtungsrichtung.

Unter der Annahme, dass das Spektrum nicht winkelabhängig ist, kann an einer Wellenlänge λ_{mess} die Strahlstärkeverteilungskurve (SVK) ermittelt werden. Die Anwendbarkeit dieser Vereinfachung für Xe_2^*-Strahler wurde in (Trampert et al. 2007) gezeigt. Die SVK wird folglich entlang dem Breitenwinkel φ gemessen und auf Winkelposition φ_{mess} und Wellenlänge der spektralen Messung λ_{mess} normiert. Dies wird im Weiteren Mittelwert der normierten Strahlstärkeverteilungskurve $\overline{SVK}$ genannt.

$$\overline{SVK} = \frac{1}{n_\varphi \cdot I(\lambda_{i=\lambda_{mess}}, \varphi_{j=\varphi_{mess}})} \sum_{j=1}^{n_\varphi} I(\lambda_{i=\lambda_{mess}}, \varphi_j) \tag{3.15}$$

Für $\overline{SVK} = 1$ emittiert ein Strahler isotrop in den Vollraum. Weitergehend kann die Schrittweite zusammengefasst werden zu:

$$\Delta\lambda = \frac{\lambda_{Ende} - \lambda_{Beginn}}{n_\lambda} \tag{3.16}$$

Der Strahlungsfluss Φ eines Strahlers wird aus der spektralen Strahlstärke berechnet:

$$\Phi = 4\pi \cdot \overline{SVK} \cdot \Delta\lambda \cdot \sum_{i=1}^{n_\lambda} I(\lambda_i, \varphi_{j=\varphi_{Mess}}) \tag{3.17}$$

3.4   Plasma-Effizienzbestimmung

Die Plasma-Effizienz η_{Plasma} kann aus dem gemessenen Strahlungsfluss eines Strahlers abgeschätzt werden, wenn die Auskoppelverluste und Transmissionsverluste bekannt sind.

Der erste Ansatzpunkt ist die Simulation der Auskoppeleffizienz der Geometrie, daher werden die durch das Quarzglas hervorgerufenen Transmissions- und Reflexionsverluste sowie der Einfluss der äußeren Netzelektrode zunächst nicht berücksichtigt. Im Anschluss werden die temperaturabhängige Transmission des synthetischen Quarzglases und die Transmission der verwendeten Netzelektrode diskutiert.

3.4.1   Auskoppeleffizienz für koaxiale Strahler

Die Koaxialstrahler bestehen aus einem doppelwandigen Quarzrohr, in dessen Zwischenraum (Schlagweite) die Entladung betrieben wird. Die innere Elektrode absorbiert die auftreffende Xe_2^*-Strahlung, die äußere Barriere und die Strahlerenden, sofern aus synthetischen Quarzglas, transmittieren die Xe_2^*-Strahlung. Die Auskoppeleffizienz kann für unendlich lange Strahler analytisch über die Mantelfläche der äußeren Barriere im Verhältnis zur Summe aus Mantelfläche der inneren und äußeren Barriere berechnet werden. Für endlich lange Strahler müssen die Strahlerenden berücksichtigt werden. Unter der Annahme von transmittierenden Strahlerenden wird die Auskoppeleffizienz daher als Funktion der Schlagweite im Strahlverfolgungs-Programm LightTools 6.1 simuliert. Mit zunehmender Schlagweite fällt bei konstantem Innendurchmesser die innere Barrierc weniger ins Gewicht und die Auskoppeleffizienz steigt an (Abbildung 3.8). Ein Optimum der Schlagweite ist für den Hochleistungsstrahler bei einem Durchmesser von $14 \leq d_a \leq 16$ mm erreicht, was einer Schlagweite des Entladungsraumes von $4{,}5 \leq d_{Gap} \leq 5{,}5$ mm entspricht (Wandstärke $W = 1$ mm, Durchmesser der inneren Barriere $d_i = 3$ mm). Eine größere Schlagweite ist aufgrund der hohen Strahlerspannung und der Neigung zur Filamentierung nicht empfehlenswert und wurde im Rahmen dieser Arbeit nicht untersucht. Bei einem Durchmesser von $14 \leq d_a \leq 16$ mm beträgt die Auskoppeleffizienz $87\% \leq \eta_{extract} \leq 89\%$. Für die Abschätzung der Plasma-Effizienz wird vereinfachend eine Auskopplung von $\eta_{extract} = 0{,}88$ angenommen.

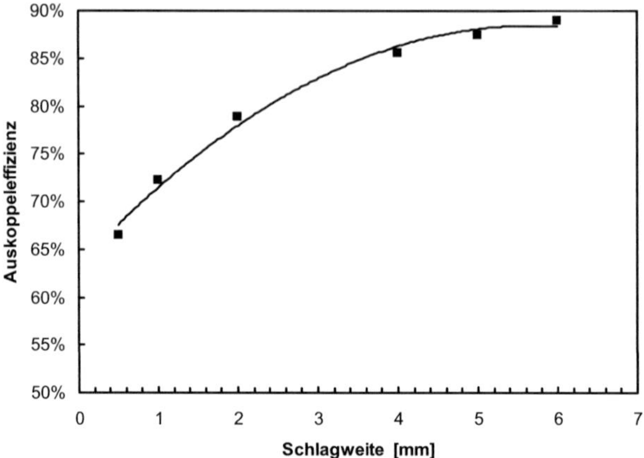

Abbildung 3.8:   Auskoppeleffizienz für koaxiale Hochleistungsstrahler (d$_i$ = 3 mm)

3.4.2   Transmission der äußeren Barriere

Die Transmission von synthetischem Quarzglas ist temperaturabhängig, da die Absorptionskante mit steigender Temperatur zu größeren Wellenlängen hin verschoben ist und das Xe-Excimerspektrum überlappt. Die temperaturabhängige Transmission θ von Suprasil wurde in (Franke et al. 2006) untersucht und kann durch das Lambert-Beer Gesetz und eine empirische Formel für den Absorptionskoeffizienten nach (Urbach 1953) beschrieben werden:

$$\theta\left(\lambda, T_W\right) = \theta_0 \cdot \exp\left(-W \cdot a_0 \cdot \exp\left[\frac{m_0}{k \cdot T_W} \cdot \left\{\frac{hc}{\lambda} - E_0\right\}\right]\right) \qquad (3.18)$$

θ_0 beschreibt die maximale Transmission, a_0, m_0 und E_0 die so genannten Urbachparameter, T_W ist die Quarztemperatur und W die Wandstärke. a_0 kann als Absorptionskoeffizient interpretiert werden. Die physikalische Interpretation von E_0 ist der Bandabstand. Dieser wird parabelförmig angenähert.

$$E_0 = 7{,}93 - 3{,}34 \cdot 10^{-4} T_W - 6{,}03 \cdot 10^{-7} T_W^2 \qquad (3.19)$$

Für eine vereinfachte Temperaturabhängigkeit kann $m_0 T_W^{-1}$ durch eine Gerade beschrieben werden:

$$\frac{m_0}{T_W} = 1{,}07 \cdot 10^{-3} - 4{,}36 \cdot 10^{-7} T_W \qquad (3.20)$$

Mit steigender Temperatur sinkt die Transmission im Bereich von $\lambda \approx 155$ nm bis $\lambda \approx 175$ nm ab und hat somit auch Einfluss auf das transmittierte Xe-Excimerspektrum. Die direkte Transmission θ von synthetischem Quarzglas mit einem Absorptionskoeffizienten von $a_0 = 0{,}69$ mm^{-1}, einer Wandstärke $W = 1$ mm und einer maximale Transmission $\theta_0 = 0{,}9$ ist in Abbildung 3.9 über der Wellenlänge dargestellt. Der Temperaturbereich beträgt $20\ ^\circ\mathrm{C} \leq T \leq 180\ ^\circ\mathrm{C}$. Zur Verdeutlichung ist ferner die relative spektrale Strahlstärke für $\mathrm{Xe_2}^*$ bei $p_{Xe} = 200$ mbar enthalten[1]. Es ist erkennbar, dass das erste Kontinuum von der Transmissionskante überlagert wird. Zwar wird die Resonanzstrahlung in Kapitel 6.2 experimentell untersucht, sie kann jedoch aufgrund der unbekannten Reabsorption für eine größere Schlagweite $d_{Gap} > 2$ mm nicht angegeben werden. Es ist nicht abschätzbar, welcher Teil der reabsorbierten Resonanzstrahlung zur $\mathrm{Xe_2}^*$-Bildung beiträgt. Die mittlere Transmission $\theta_{Xe\text{-}Excimer}$ kann für 155 nm $\leq \lambda \leq 195$ nm durch Gewichtung des Excimerspektrums mit der spektralen Transmission abgeschätzt werden. Für $p_{Xe} = 200$ mbar nimmt die mittlere Transmission von $\theta_{Xe\text{-}Excimer} = 84\%$ bei einer Temperatur $T = 20\ ^\circ\mathrm{C}$ auf $\theta_{Xe\text{-}Excimer} = 79\%$ bei $180\ ^\circ\mathrm{C}$ ab.

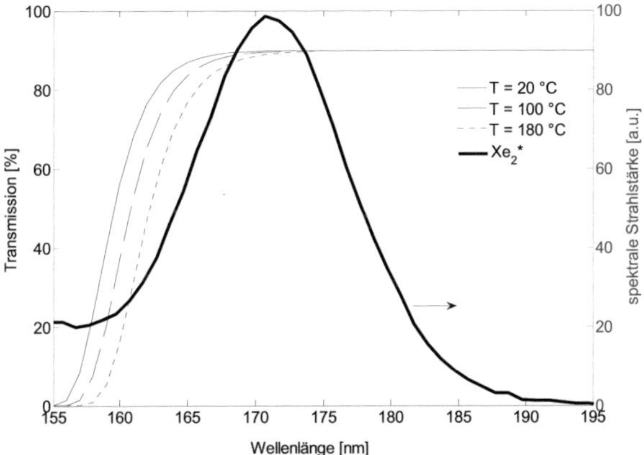

Abbildung 3.9:   *Temperaturabhängigkeit der direkten Transmission θ nach (Franke et al. 2006) und zum Vergleich ein Xe-Excimerspektrum bei $p_{Xe} = 200$ mbar (gemessen an der MgF$_2$-Laborlampe)*

---

[1] Das $\mathrm{Xe_2}^*$-Spektrum ist den experimentellen Untersuchungen aus Kapitel 6.2 entnommen.

Das Xe-Excimer-Plasma strahlt diffus in den gesamten Vollraum, weshalb weitergehend von einer diffusen Transmission θ_{Xe_diffus} ausgegangen werden muss. Durch diffusen Einfall der Strahlung ist der mittlere optische Weg innerhalb der Barriere länger und die Absorption steigt. Gleichzeitig steigt die Fresnelsche Reflexion durch schrägen Einfall auf die Barriere. Die diffuse Transmission $\theta_{Xe\text{-}diffus}$ wurde aus der direkten Transmission $\theta_{Xe\text{-}Excimer}$ im Strahlverfolgungs-Programm LightTools 6.1 simuliert. Die Dispersion des Brechungsindex n wurde mit der Schellmeier Gleichung (3.23) mit den Parametern B_1, B_2, B_3, C_1, C_2, C_3, aus (Heraeus 2007) berücksichtigt.

$$n^2 - 1 = \frac{B_1 \lambda^2}{\lambda^2 - C_1} + \frac{B_2 \lambda^2}{\lambda^2 - C_2} + \frac{B_3 \lambda^2}{\lambda^2 - C_3} \tag{3.21}$$

Der Faktor zwischen diffuser und direkter Transmission ist temperaturunabhängig und beträgt ca. 0,94 (siehe Tabelle 3.4).

Tabelle 3.4: Berechnete direkte und simulierte diffuse Transmission von synthetischem Quarzglas

Temperatur	$\theta_{Xe\text{-}Excimer}$	$\theta_{Xe\text{-}diffus}$
20 °C	83,8%	78,8%
60 °C	82,8%	77,8%
100 °C	81,6%	76,7%
140 °C	80,2%	75,4%
180 °C	78,5%	73,8%

Zur Abschätzung der Plasma-Effizienz wird vereinfacht eine konstante Temperatur von $T = 60\,°C$ und damit eine Transmission des Quarzglases von $\theta_{Xe\text{-}diffus} = 0{,}778$ angenommen.

3.4.3   Transmission der Netzelektrode

Die direkte Transmission der Netzelektrode wurde mit dem Photometer CARY 5 der Firma Varian gemessen und beträgt $T_{Netz,direkt} = 84{,}3\,\%$.

Für die Simulation der diffusen Transmission wurde ein Modell der Netzelektrode erstellt und die diffuse Transmission an einem Modellstrahler simuliert. Da eine exakte Nachkonstruktion sehr aufwändig ist, wird sie durch ein Gittermodell angenähert (Abbildung 3.10). Das Gitter besteht aus zwei Maschen mit der Drahtdicke $d = 0{,}1$ mm und den Abständen $Y_d = 1{,}26$ mm, $X_{d1} = 1{,}26$ mm und $X_{d2} = 0{,}74$ mm.

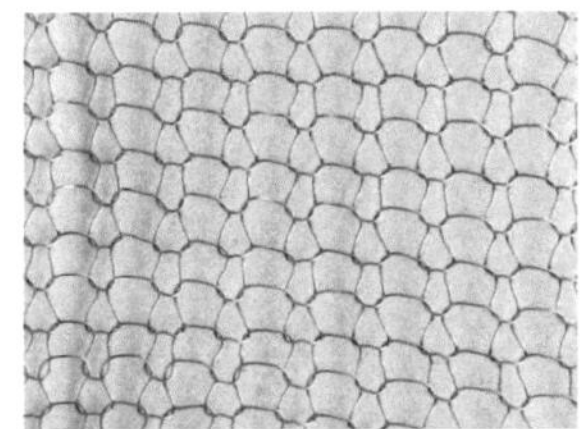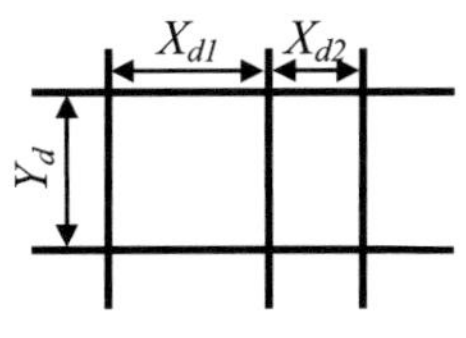

Abbildung 3.10: Aufgeschnittene Netzelektrode (links); Modell zweier Maschen (rechts)

Die direkte Transmission kann analytisch aus dem Verhältnis der verdeckten Fläche zur gesamten Fläche berechnet werden:

$$T_{Netz} = \frac{(Y_d + d)(X_{d1} + X_{d2} + 2d) - d(X_{d1} + X_{d2} + 2d) - 2dY_d}{(Y_d + d)(X_{d1} + X_{d2} + 2d)} \qquad (3.22)$$

Es folgt nach Gleichung (3.22) eine direkte Transmission $T_{Netz} = 84\,\%$. Die diffuse Transmission wird in dem Strahlverfolgungs-Programm LightTools 6.1 simuliert und beträgt $T_{Netz,diffus} = 75\,\%$. Für die Plasma-Effizienzbestimmung wird diese berücksichtigt.

3.4.4 Berechnung der Plasma-Effizienz

Zusammenfassend kann mit der Auskoppeleffizienz, der diffusen Transmission des synthetischen Quarzglases und der diffusen Transmission der Netzelektrode eine effektive Auskopplung T_{eff} berechnet werden:

$$T_{eff} = \eta_{extract} \cdot \theta_{Xe\text{-}diffus} \cdot T_{Netz,diffus} = 0{,}88 \cdot 0{,}78 \cdot 0{,}75 = 0{,}52 \qquad (3.23)$$

Bci einer bekannten effektiven Auskopplung kann aus dem gemessen Strahlungsfluss die Plasma-Effizienz berechnet werden, indem T_{eff} berücksichtigt wird. Gleichzeitig muss berücksichtigt werden, dass das Xenon-Plasma für die Excimerstrahlung Xe_2^* optisch dünn ist und gleichmäßig in den Vollraum emittiert (Trampert et al. 2007). Der Mittelwert der normierten Strahlstärkeverteilungskurve $\overline{SVK}$ ist deshalb nur durch die Strahlergeometrie bedingt kleiner eins. Die Plasma-Effizienz entspricht damit dem Strahlungsfluss Φ dividiert durch die elektrische Leistung P, den Mittelwert der normierten Strahlstärkeverteilungskurve und der effektiven Auskopplung.

$$\eta_{Plasma} = \frac{\Phi}{\overline{SVK} \cdot T_{eff} \cdot P} \tag{3.24}$$

Es ist an diese Stelle anzumerken, dass trotz Optimierung der Auskoppeleffizienz $\eta_{extract}$ circa die Hälfte der erzeugten Strahlung ausgekoppelt wird. Dies ist ein wichtiger Optimierungspunkt für die industrielle Nutzung der Xe_2^*-DBE.

4 Modellierung der Xenon-Excimer-DBE

Die Modellierung einer DBE kann in aufwändige numerische Modelle (white box modeling) und einfache elektrische Modelle (grey box modeling) eingeteilt werden. Die aufwändigen numerischen Modelle wie zum Beispiel (Bogdanov et al. 2004, Carman et al. 2002, Pflumm 2003) liefern orts- und zeitaufgelöste Partikeldichten, Potential- und Feldverteilung und geben Aufschluss über die Effizienz und Verlustmechanismen einer DBE.

Allen numerischen Simulationen ist gemein, dass diese Simulationen zeitaufwändig und stark von den verwendeten Ratenkoeffizienten abhängig sind. Weitergehend wird das elektronische Betriebsgerät meistens idealisiert. So wird die Stromquellencharakteristik des Betriebsgeräts durch eine ideale Spannungsquelle ersetzt. In diesem Fall ist der zur Verfügung gestellte Strom nicht limitiert. Die numerischen Simulationen sind daher für die Betriebsgeräte-Entwicklung wenig hilfreich.

Die einfachen elektrischen Modelle können, basierend auf elektrischen Messungen, die elektrischen Vorgänge im Plasma beschreiben (Liu 2002, Trampert 2009) oder zur Vorhersage des elektrischen Schaltungsverhalten benutzt werden (Daub 2009, Kudryavtsev et al. 2002). Den einfachen elektrischen Modellen wird eine Grundinformation in Form einer elektrischen Beschaltung aus diskreten Bauelementen vorgegeben. Die genaue Beschreibung der Bauelemente, wie zum Beispiel eine zeitliche Widerstandsänderung, wird dann durch Modellbildung implementiert.

In dieser Arbeit wird, in Kooperation mit Szabolcs Beleznai der Universität Budapest, die Anregung einer DBE numerisch simuliert und in Kapitel 4.1 mit dem Experiment verglichen.

Bereits bekannte, einfache elektrische Modelle werden in Kapitel 4.2 diskutiert und das Ladungstransportmodell nach (Trampert 2009) erweitert, um die Entladung unabhängig von der Ausbildungsform auch für filamentierte und gemusterte Entladungen korrekt beschreiben zu können.

4.1 Numerische Simulation

In diesem Kapitel wird die gepulste Anregung einer DBE, die mit dem entwickelten resonanten Puls-Betriebsgerät erfolgt, simuliert und mit dem Experiment verglichen. Im Anschluss wird die zeitliche Entwicklung des Potentials, des E-Felds, der Ionen- und Elektronendichte über den Gasraum dargestellt. Den Kapitelabschluss bilden die simulierte Plasma-Effizienz und Verluste der Xe_2^*-DBE.

Wissenschaftliche Basis für die Zusammenarbeit ist der in (Paravia et al. 2008b) veröffentlichte homogene Betrieb der Laborlampe mit p_{Xe} = 150 mbar. Die Homogenität wurde durch Kurzzeitaufnahmen der Entladung bestätigt und bietet somit eine gute Voraussetzung für die Simulation.

Das Simulationsmodell aus (Beleznai et al. 2006) basiert auf den ersten drei Momenten der Boltzmanngleichung und einer makroskopischen Teilchenerhaltung für die mittleren Teilchen- und Energiedichten. Vereinfachend wird das Plasma in einem selbst-konsistenten, eindimensionalen fluiden Modell als parallel der Entladungsachse unendlich ausgedehnt angenommen. Hierdurch sind zwei- und dreidimensionale Effekte wie die Ausbildungsformen der Entladung, Lichtenbergfiguren an den Fußpunkten einzelner Filamente oder die höhere Stromdichte in engkanaligen Filamenten nicht beschreibbar.

Die zeitliche und ortsaufgelöste Entwicklung der Plasmakomponenten wird für 14 atomare, ionisierte und molekulare Zustände von Xenon- und Elektronenteilchen berechnet. Für Erzeugungs-, Transport- und Verlustmechanismen werden über 100 Reaktionsprozesse berücksichtigt wie:

- Impulsübertrag, Anregung, Ionisierung, Rekombination
  (Elektronendichte, Elektronenenergiedichten und Elektronenkollision)
- Excimerbildung, Stoßabregung, Ionenkonversion
  (Schwerteilchendichte und Schwerteilchenkollision)
- Ladungsinduzierte Felder
  (Raum- und Oberflächenladungen)
- Strahlungsprozesse
  (147 nm, 151 nm, 172 nm sowie VIS und IR)

Die Elektronenenergieverteilung wird aus der Boltzmann-Gleichung durch 0-dimensionale Näherung mit dem Programm BOLSIG (Kinema 1996) berechnet. Durch lokale Feldnäherung sind die Elektronenstoßkoeffizienten direkt von der mittleren Elektronenenergie $\langle \varepsilon \rangle$ abhängig. Die mittlere Elektronenenergie wird durch Lösen der Kontinuitätsgleichung berechnet und ähnlich einer Teilchendichte beschrieben:

$$\frac{\partial n_e \langle \varepsilon \rangle}{\partial t} + \frac{\partial \Gamma_W}{\partial x} = -e \cdot \Gamma_e \cdot E + S_W \qquad (4.1)$$

Dabei entspricht Γ_W der Flussdichte der Elektronenenergie, Γ_e der Elektronenteilchenflussdichte, e der Elementarladung, E dem elektrische Feld und S_W einem Quellenterm für $\langle \varepsilon \rangle$.

Die zeitliche Änderung der Elektronendichte (e), Ionendichte (i) und Neutralteilchendichte (n) muss aufgrund der makroskopischen Teilchenerhaltung genau den Teilchenstoßraten S_x[1] minus den Teilchenflussdichten entsprechen.

$$\frac{\partial n_x}{\partial t} = S_x - \frac{\partial \Gamma_x}{\partial x} \qquad (4.2)$$

Die Teilchenflussdichte der Elektronen und Ionen wird durch die Drift-Diffusions-Terme genähert:

$$\Gamma_e = \mu_e E n_e - D_e \frac{\partial n_e}{\partial x} \qquad (4.3)$$

$$\Gamma_i = \mu_i E n_i - D_i \frac{\partial n_i}{\partial x} \qquad (4.4)$$

Hierbei wird die Xenonionenbeweglichkeit μ_i als Funktion des reduzierten elektrischen Feldes beschrieben und die Elektronenbeweglichkeit μ_e aus der Kollisionsfrequenz v und der Elektronenmasse m_e berechnet.

$$\mu_e = \frac{e}{m_e v} \qquad (4.5)$$

Das elektrische Feld E wird durch Lösen der Poisson-Gleichung berechnet.

$$\nabla^2 \phi = -\frac{\rho}{\varepsilon_0 \varepsilon_r(x)} \qquad (4.6)$$

Für eine vollständige Beschreibung der Reaktionsprozesse, der numerischen Umsetzung sowie der Ratenkoeffizienten sei auf (Beleznai et al. 2006) verwiesen.

Die Spannungsform der Simulation wurde an die Pulsform des resonanten Puls-Betriebsgeräts angepasst und stimmt hinreichend genau überein. Die wichtigs-

---

[1] x = n, e, i

ten Simulationsparameter und Betriebsbedingungen sind in Tabelle 4.1 zusammengefasst.

Tabelle 4.1: Simulationsparameter und Betriebsbedingungen

Parameter	Wert
Xenondruck p_{Xe}	150 mbar
Aktive Fläche A	54 cm^2
Schlagweite d_{Gap}	2 mm
Barrierendicke $d_{Barriere}$	2 x 3,25 mm
Dielektrizitätszahl ε_r	8,4
Lampenkapazität C_{DBE}	17,2 pF
Spannungsmaximum $\hat{u}_{Lampe}$	1,8 kV
Repetitionsrate f	40 kHz
Pulsbreite t_{Puls}	1200 ns
Leistungsdichte $P_{Simulation}$	62 mW/cm^2
Simulationsdauer T	10 Perioden
Ortsauflösung Δd_{Gap}	8 µm

Simulation und Experiment stimmen in dem zeitlichen Verlauf der Gapspannung u_{Gap}, im zeitlichen Verlauf des Plasmastroms und der Anzahl der Zündungen gut überein. Sowohl in der Simulation als auch im Experiment zündet die DBE zweifach pro Puls (siehe Abbildung 4.1). Mit Erreichen der Zündspannung findet die erste Zündung kurz vor dem Scheitel der positiven Halbschwingung bei t = 490 ns statt. Im Experiment erfolgt die Rückzündung bei t = 940 ns und in der Simulation bei t = 1040 ns.

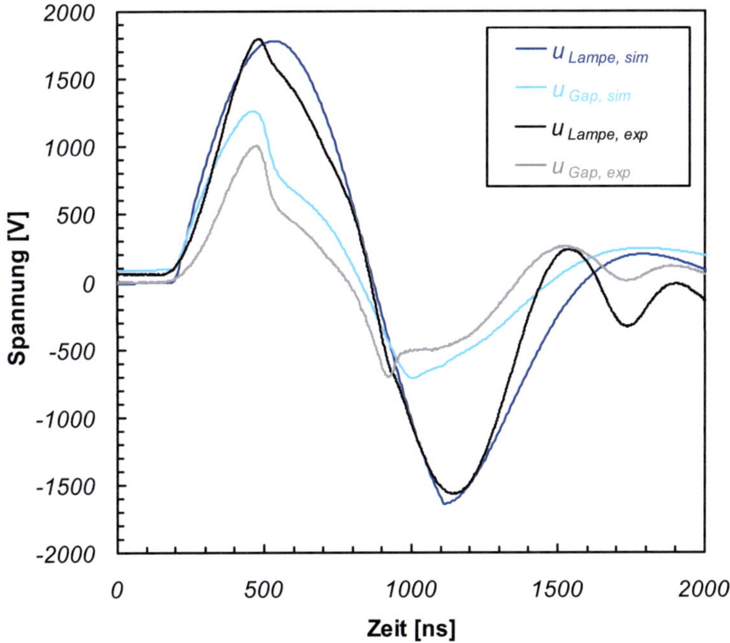

Abbildung 4.1:   Simulierte und experimentell ermittelte Lampenspannung u_{Lampe} und Gapspannung u_{Gap}. Erste Zündung zum Zeitpunkt t = 490 ns, Rückzündung bei t = 940 ns (Experiment) bzw. t = 1040 ns (Simulation). Betriebsbedingungen siehe Tabelle 4.1

Obwohl die experimentelle Zündspannung mit u_{Gap} = 1,0 kV ca. 200 V geringer ist als die simulierte Zündspannung, stimmt die Zündspannung der Rückzündung mit u_{Gap} = 0,7 kV sehr gut überein. Experiment und Simulation unterscheiden allerdings sich im Moment der Zündung, da in der Simulation die ideale Spannungsquelle den Strom nicht limitiert und die Spannung nicht einbricht. Im Experiment bricht die Lampenspannung u_{Lampe} während der Zündung um Δu_{Lampe} = 150 V ein.

Die simulierte Lampenspitzenstromdichte übersteigt, wie in Abbildung 4.2 gezeigt, mit maximal $\hat{\imath}_{Lampe}$ = 13 mA/cm^2 die im Experiment gemessene Lampenspitzenstromdichte $\hat{\imath}_{Lampe}$ = 6 mA/cm^2. Gleiches gilt für die simulierte Plasmaspitzenstromdichte $\hat{\imath}_{Plasma}$ = 17 mA/cm^2 und die Plasmaspitzenstromdichte $\hat{\imath}_{Plasma}$ = 10 mA/cm^2 im Experiment. Entgegen der ersten Zündung ist die Spitzenstromdichte der Rückzündung im Experiment deutlicher ausgeprägt als in der Simulation. Zudem ist auffällig, dass in der Simulation im Gegensatz zum Experiment kein Plasmastrom vor der ersten Zündung fließt[1].

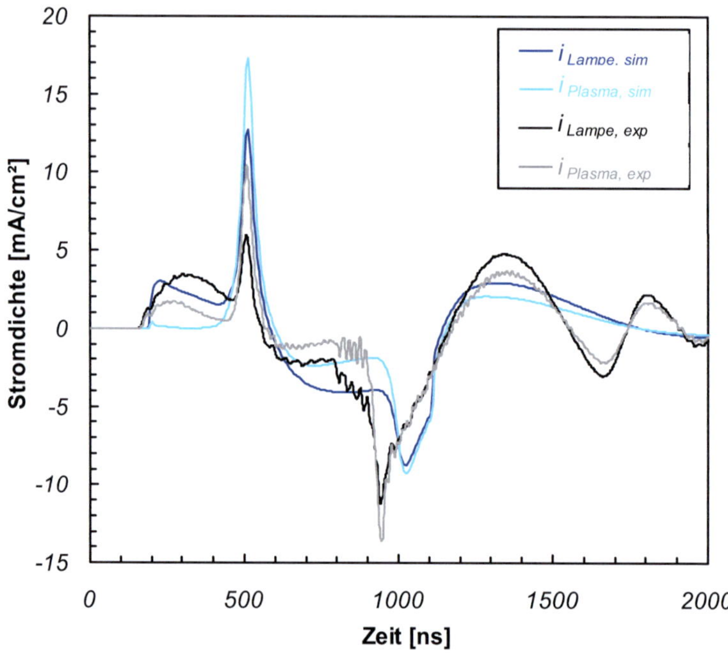

Abbildung 4.2: Simulierte und experimentell ermittelte Lampenstromdichte i_{Lampe} und Plasmastromdichte i_{Plasma}. Erste Zündung zum Zeitpunkt t = 490 ns, Rückzündung bei t = 940 ns (Experiment) bzw. t = 1040 ns (Simulation). Betriebsbedingungen siehe Tabelle 4.1

In der Simulation gut wiedergeben ist der Plasmastrom in der Glimmphase nach der Rückzündung. Das Plasma bleibt nach der Rückzündung als Glimmentladung kurzzeitig leitfähig und der Plasmastrom folgt dem Lampenstrom auch nach dem Stromnulldurchgang. In der Glimmphase treten Verluste durch Xe+ und e⁻-Erwärmung auf, während die Energieeinkopplung in angeregte Xenonspezies und die Ionisierung von Xenonatomen hauptsächlich mit der Zündung stattfindet.

---

[1] Der Plasmastrom vor der ersten Zündung ist Anzeichen für die Restladungsträgerdichte. Jedoch kann auch ein falscher Abgleich des Koppelkondensators für die Messung der inneren Größen einen fehlerhaften Plasmastrom liefern. In diesem Fall wäre der Plasmastrom unabhängig von der Repetitionsrate.

Zunächst werden Zündung und Rückzündung anhand des Potentials und E-Felds beschrieben und im Anschluss die Elektronendichte, Ionendichte und Raumladungszone (RLZ) aufgezeigt.

Mit Anlegen der Lampenspannung zum Zeitpunkt $t = 0{,}2$ µs, steigt das Potential über dem Gasraum linear an. Dies ist in Abbildung 4.3 für den Zeitpunkt t = 0,4 µs dargestellt. Links ist die Kathode, rechts bei $d_{Gap} = 2$ mm die Anode der ersten Zündung. Dem Einsetzen der ersten Zündung zum Zeitpunkt $t = 0{,}5$ µs folgt ein konstantes Potential in der positiven Säule von der Anode zur momentanen Raumladungszone. Die entstandene RLZ verzerrt das E-Feld unter Bildung eines lokal überhöhten E-Feldes zur Kathode hin. Die RLZ begrenzt den Stromfluss im Plasma durch die Ausbildung eines Kathodenfalls. Dieser Bereich wird als Kathoden-Dunkelraum bezeichnet.

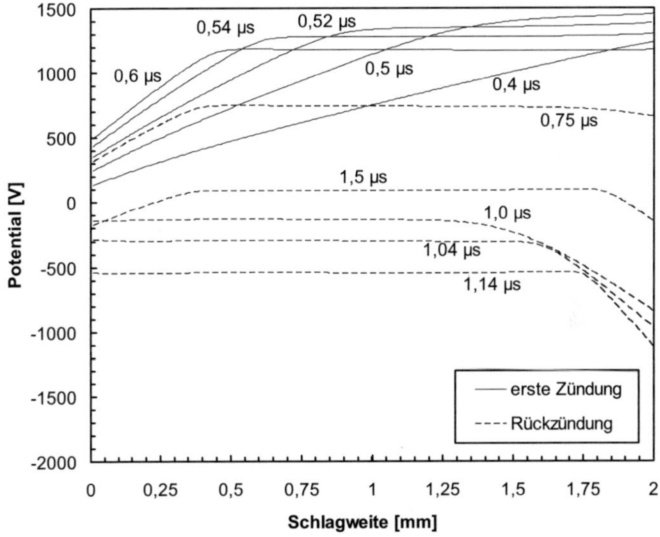

Abbildung 4.3:   *Potential über dem Gasraum (Kathode der ersten Zündung bei $d_{Gap} = 0$ mm). Erste Zündung bei t = 540 ns, Rückzündung bei t = 1040 ns. Konstantes Potential nach dem Durchzünden der Entladung von der Anode zur RLZ. Parameter siehe Tabelle 4.1*

In dem Kathodenfall werden die Xe-Ionen beschleunigt und Sekundärelektronen aus der Kathode gelöst, wodurch die Entladung vom Sekundärelektronenkoeffizient γ abhängt (Auday et al. 2000). Nach (Roth 2001) spiegelt die Änderung der Kathodenfallspannung den transienten Verlauf der DBE wieder.

Zunächst wird der Wirkstromanteil im Gasraum über die erhöhte Kathodenfallspannung und die damit geförderte Sekundärelektronenausbeute erhöht. Im Laufe der Entladung verschiebt sich das Gleichgewicht der Ladungsträgererzeugung zu kleineren Fallspannungen hin, bis diese so klein werden, dass keine Sekundärelektronen mehr aus der Kathode gelöst werden können und die Entladung erlischt (Roth 2001). Vor der Anode überwiegen die erzeugten Sekundärelektronen, weshalb die jeweilige Anode negativ geladen ist (beispielsweise dargestellt für $t = 0,5$ µs und $t = 1,14$ µs).

Nach dem Erlöschen der Entladung und der Stromkommutierung wird die Lampe entladen und das Potential sinkt über dem gesamten Gasraum (beispielhaft $t = 0,75$ µs). Die Rückzündung der DBE beginnt von der Anode aus, welche sich für die Rückzündung bei $d_{Gap} = 0$ mm befindet. Die RLZ der ersten Zündung wird unwirksam, da die Elektronen vor der Rückzündung zur Anode driften.

Der zeitlichen Änderung des elektrischen Feldes kann die Lage und Wirkung der RLZ besser entnommen werden als dem Potential. Über dem Gasraum dargestellt zeigt Abbildung 4.4 das durch die RLZ überhöhte E-Feld. Die Entladung durchläuft während der Zündung den Gasraum, wobei sich das lokale Feld vor der Entladung überhöht und die Entladung intensiviert wird. Hieraus kann entnommen werden, dass die Stromkontinuität von der RLZ zur Anode durch einen Teilchenstrom (hauptsächlich der Ionen), zur Kathode hin durch einen Verschiebungsstrom aufrechterhalten wird. Dies stimmt mit dem Simulationsergebnis von (Bogdanov et al. 2004) überein.

Die RLZ der Rückzündung befindet sich, beeinflusst von der ersten Zündung oder dem länger anhaltenden Strom, mit einem minimalen Abstand von $\Delta d_{Gap} = 0,25$ mm näher an der Kathode ($t = 1,14$ µs). Wichtig ist die Feldfreiheit im Bereich der RLZ der ersten Zündung (0 mm $\leq d_{Gap} \leq 1$ mm) für die Rückzündung. Der Verlauf ist mit dem der ersten Zündung identisch, weshalb auch die Rückzündung dem Raether-Durchbruch mit anschließender Glimmphase entspricht.

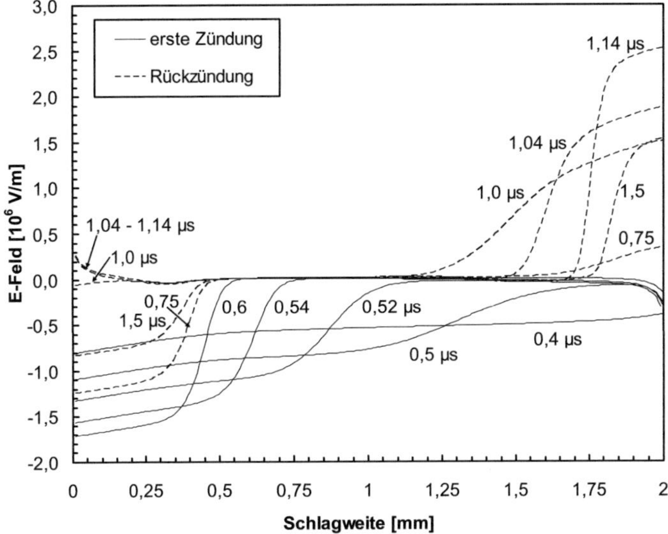

Abbildung 4.4: E-Feld über dem Gasraum (Kathode der ersten Zündung bei $d_{Gap} = 0$ mm). Beeinflussung des Potentials durch die im Gasraum erzeugten Ladungsträger und Ausbildung einer lokalen Feldüberhöhung vor der Entladung. Parameter siehe Tabelle 4.1

Folgend wird der Zündvorgang anhand der Ionen- und Elektronendichte sowie der resultierenden Raumladungszone im stationären Betrieb diskutiert. Die schnell beweglichen Elektronen driften bereits durch Anlegen des E-Feldes zur Anode. Die Elektronendichte n_e erreicht vor der ersten Zündung ($t = 0,4$ µs in Abbildung 4.5) an der Anode $n_e \approx 10^{16}$ m^{-3}. Durch die Bewegung der Elektronen zur Anode werden Xenonatome durch Elektronenstöße ionisiert. Die trägen Ionen bleiben fast ortsfest und eine Raumladungszone bildet sich vor der Anode aus.

Mit Einsetzen der ersten Zündung zum Zeitpunkt $t = 0,5$ µs wandert der Schwerpunkt der Elektronen- und Ionendichte von der Anode zur Kathode. Die Entladung beginnt als kathodenseitiger Durchbruch. Durch das überhöhte E-Feld werden im Kathoden-Dunkelraum weiter Xenonatome ionisiert und die RLZ wandert Richtung Kathode. Die maximale Ionendichte steigt zur Kathode hin von ca. $n_i = 2 \cdot 10^{17}$ m^{-3} auf $n_i = 6 \cdot 10^{17}$ m^{-3} (Abbildung 4.6). In der RLZ beträgt die Elektrodendichte ungefähr $n_e \approx 10^{15}$ m^{-3} und sinkt im Kathoden-Dunkelraum auf $n_e \approx 10^{11}$ m^{-3} bis 10^{15} m^{-3}. Die freien Elektronen driften zur

Anode, weshalb die resultierende RLZ positiv geladen ist. Die Ionendichte bleibt im Kathoden-Dunkelraum mit $n_i \approx 10^{16}$ m^{-3} konstant.

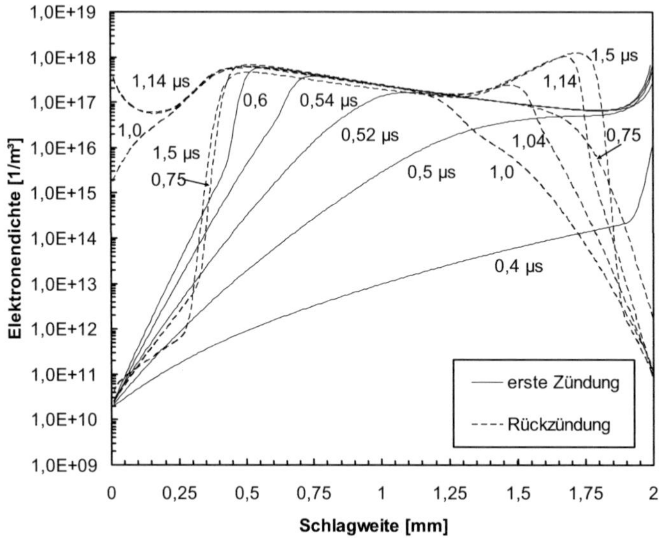

Abbildung 4.5:   Simulierte Elektronendichte im Gasraum (Kathode der ersten Zündung bei $d_{Gap} = 0$ mm). Erste Zündung zum Zeitpunkt $t = 540$ ns, Rückzündung bei $t = 1040$ ns. Parameter siehe Tabelle 4.1

In der Glimmphase wird die RLZ weiter aufgebaut und die Distanz zwischen RLZ und Kathode verringert sich. Die Glimmentladung erlischt bei $t = 0,6$ µs mit der Stromkommutierung. Durch E-Feldumpolung in der negativen Halb-schwingung steigt die Elektronendichte durch Drift der Elektronen lokal vor der RLZ der ersten Zündung (0 mm $\leq d_{Gap} \leq 0,5$ mm). Im Bereich der RLZ der ersten Zündung werden Elektronendichten von 10^{15} m$^{-3} \leq n_e \leq 10^{17}$ m^{-3} erreicht und die RLZ der ortfesten Ionen aufgelöst ($t = 1,0$ µs). Gleichzeitig sinkt durch das umgekehrte E-Feld die Elektronendichte vor der neuen Kathode ($d_{Gap} = 2$ mm) auf minimal $n_e = 2 \cdot 10^{12}$ m^{-3}.

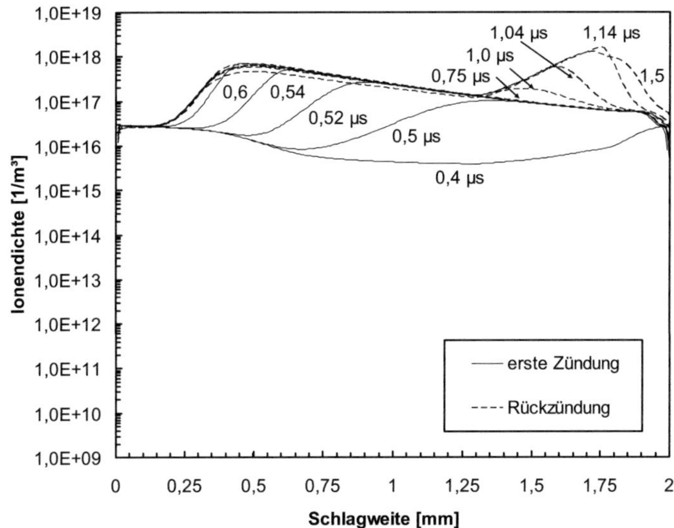

Abbildung 4.6: Simulierte Ionendichte im Gasraum (Kathode der ersten Zündung bei $d_{Gap} = 0$ mm). Erste Zündung zum Zeitpunkt $t = 540$ ns, Rückzündung bei $t = 1040$ ns. Parameter siehe Tabelle 4.1

Die Rückzündung setzt zum Zeitpunkt $t = 1,04$ µs ein und bildet eine neue RLZ aus. Die Elektronendichte steigt während der Rückzündung lokal auf maximal $n_e = 10^{18}$ m^{-3} ($t = 1,14$ µs) und erreicht somit den höchsten Wert während der periodischen Anregung. Die maximale Ionendichte ist mit $n_i = 1,5 \cdot 10^{18}$ m^{-3} geringfügig höher als die Elektronendichte, so dass auch in der Rückzündung die RLZ positiv geladen ist.

Die aus den Ionen- und Elektronendichten resultierende Raumladungszone wird durch Addition der Ionen- und Elektronendichten und Gewichtung mit der Elementarladung berechnet. Durch den vernachlässigbaren Anteil der zweifach ionisierten Xenonatome ist diese Vereinfachung gerechtfertigt. Die resultierende Ladungsträgerdichte ist in Abbildung 4.7 über dem Gasraum aufgetragen. Deutlich erkennbar ist das Durchzünden der Entladung von der Anode zur Kathode an der ansteigenden und durchwandernden Raumladungszone. Die maximale Ladungsdichte der RLZ nimmt dabei zur Kathode hin zu und erreicht Werte von 0,1 Cm^{-3} für die erste Zündung bei $t = 0,6$ µs bzw. 0,25 Cm^{-3} für die Rückzündung bei $t = 1,14$ µs. Die Durchbruchsgeschwindigkeit der RLZ beträgt 4– 20 µm/ns.

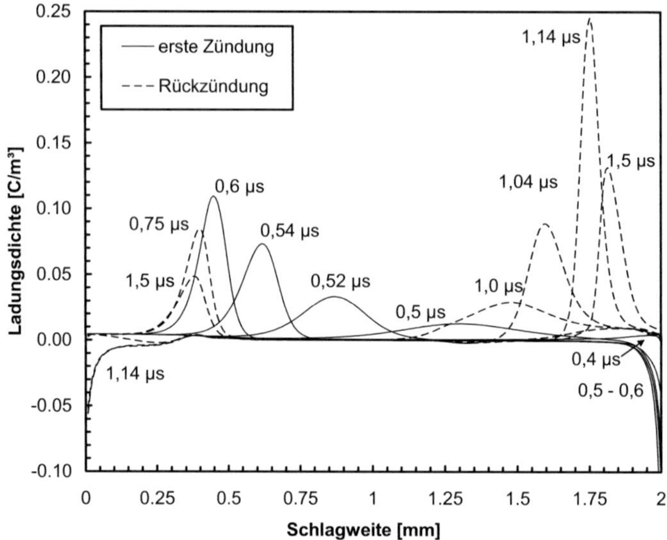

Abbildung 4.7: Simulierte Ladungsdichte im Gasraum (Kathode der ersten Zündung bei $d_{Gap} = 0$ mm). Erste Zündung zum Zeitpunkt $t = 540$ ns, Rückzündung bei $t = 1040$ ns. Parameter siehe Tabelle 4.1

Zusammenfassend beginnt die Entladung mit dem Ansammeln der metastabilen Xe^* und Xe^{**} im Gasraum. Innerhalb 5 ns bis 15 ns später geht die direkte Ionisierung zur Stufenionisierung über und die Xenon-Ionisierung erreicht ihr Maximum. Die Entladung zündet mit dem Durchbruch des Gasraums und einem starken Spitzenstrom. In der folgenden Glimmphase steigen die e^-- und Xe^+-Verluste aufgrund von thermalisierenden Stößen.

In Abbildung 4.8 ist die Anregung der Xenon-Atome, die Ionisierung und die Erwärmung der Elektronen und Xenon-Ionen über der Zeit dargestellt. Die größten Verluste stellt die Xe+-Erwärmung dar. Es ist an dieser Stelle anzumerken, dass die Xe^+-Erwärmung maßgeblich von der verwendeten Xenonionenbeweglichkeit abhängt. Mit steigender Ionenbeweglichkeit steigen die Verluste. Die Dissoziation des Xe-Excimers Xe_2^*, gebildet in der ersten Zündung, wird von der zweiten Zündung überlagert. Eine zeitliche Trennung durch direkte Messung der VUV-Strahlung ist daher nicht möglich.

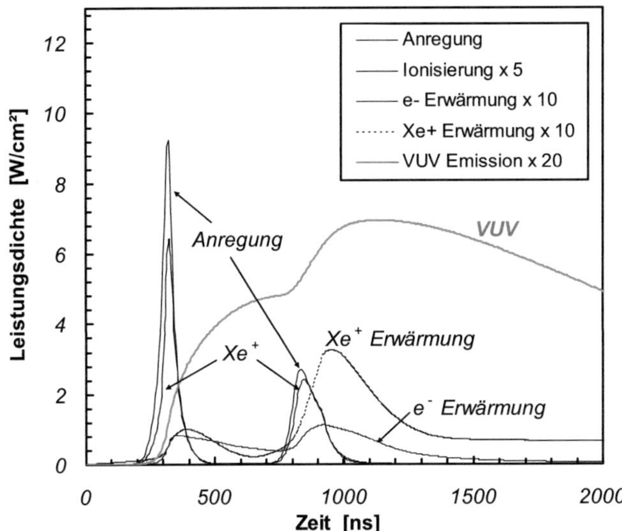

Abbildung 4.8:   *Simulierte Anregung, Ionisierung (Xe^+), Xe^+-Erwärmung, e^--Erwärmung und VUV-Emission. Anregung und Ionisierung während Zündung /Rückzündung, Teilchener-wärmung auch in der Glimmphase nach der Zündung /Rückzündung. Betriebsbedin-gungen siehe Tabelle 4.1*

Wird die Energieverteilung ortsaufgelöst über der Schlagweite aufgetragen, kann der VUV-Emission und der Energiedichte der Elektronen die erste Zündung und Rückzündung entnommen werden. Die erste Zündung bildet das lokale Maximum der Elektronendichte bei d_{Gap} = 0,5 mm aus, die Rückzündung das zweite Maximum bei d_{Gap} = 1,75 mm. Die gute Korrelation zwischen räumlicher Elektronen-Energiedichte (e^-) und Emission (VUV) in Abbildung 4.9 zeigt, dass die den Elektronen zugeführte Energie über Einfach- und Zweifachanregung der Xenonatome in die Excimerbildung geht. In der positiven Säule wird eine konstant hohe Effizienz η (66 – 72 %) erreicht, die zu den Barrieren deutlich abnimmt. In dem Kathoden-Dunkelraum entstehen zeitlich nacheinander die größten Verluste durch Xe^+-Erwärmung und Ionisierung (Abbildung 4.9).

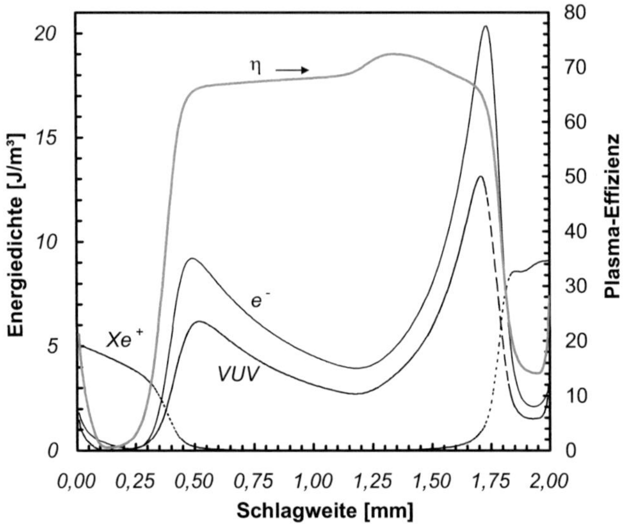

Abbildung 4.9:   Simulierte räumliche Energieaufnahme für Elektronen (e⁻) und Ionen (Xe⁺), räumliche Emission im VUV und Plasma-Effizienz η. Betriebsbedingungen siehe Tabelle 4.1. (Kathode der ersten Zündung bei d_{Gap} = 0 mm)

Zum Abschluss werden die Plasma-Effizienz und die Verluste dargestellt. In die Elektronen wird 70,7 % der Gesamtenergie eingetragen. Bezogen auf die Gesamtenergie gehen 58,4 % der Energie in Xe^*- und Xe^{**}-Anregung und 12,3 % in die Ionisierung. Der größte Verlust ist folglich die Erwärmung der Ionen mit 24,1 % der Gesamtenergie. Weitere 5,2 % gehen in elastische Teilchenstöße der Elektronen (e⁻ Erwärmung). Die simulierte Plasma-Effizienz η_{Plasma} beträgt η_{Plasma} = 51,6 %. In Tabelle 4.2 ist die partielle Energieverteilung nochmals zusammengestellt.

Tabelle 4.2:   Berechnete partielle Energiezusammensetzung. Parameter siehe Tabelle 4.1

Prozess	Energieanteil
Energie in e⁻	70,7 %
davon: Xe^*, Xe^{**} Anregung	58,4 %
davon: Xe^+ Ionisierung	12,3 %
Xe^+ Erwärmung	24,1 %
elastische Stöße e⁻	5,2 %
Plasma-Effizienz	**51,6 %**

4.2 Elektrische Modelle

Einfache elektrische Modelle der DBE basieren auf der direkten Messung oder analytischen Berechnung der Ströme und Spannungen im Gasraum. In dieser Arbeit wird die Methode zur Messung der inneren elektrischen Größen im Gasraum nach (Roth 2001) verwendet. Die Messmethode selbst wurde bereits in Kapitel 3.2 näher erläutert, weshalb an dieser Stelle nur die zugrunde liegenden Messgrößen wiederholt werden. Direkt messbar sind die Lampenspannung u_{Lampe} und der Lampenstrom i_{Lampe}. Die Barrierenspannung $u_{Barriere}$ kann durch zeitliche Integration von i_{Lampe} bestimmt werden und die Gapspannung u_{Gap} aus der Differenz der Spannungen u_{Lampe} und $u_{Barriere}$. Der Plasmastrom i_{Plasma} ist als Differenzstrom nach (Roth 2001) ebenfalls messbar. In dem Ersatzschaltbild (ESB) der analogen Messung der inneren Größen, dargestellt in Abbildung 4.10a), fließt der Plasmastrom i_{Plasma} durch die zeitlich variable Plasmaimpedanz Z_{Plasma}. Die Plasmaimpedanz enthält jedoch keine weitere Aufteilung zur Beschreibung eines zeitweisen Quellenverhaltens der DBE.

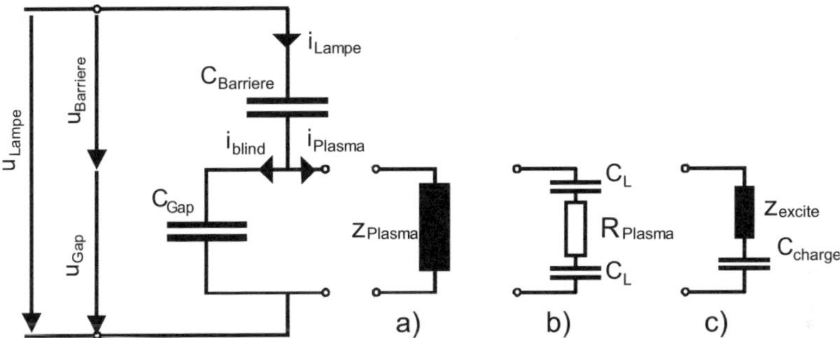

Abbildung 4.10: Vergleich der elektrischem Modelle zur Ladungsbeschreibung a) zeitlich variable Plasmaimpedanz Z_{Plasma}, aus dem ESB der analogen Messung der inneren Größen b) Modell mit Ladungsschichtkapazitäten C_L nach (Neiger et al. 1994) c) Ladungserhaltungsmodell nach (Trampert 2009).

Die Bestimmung der Gapspannung und des Plasmastromes liefert die Grundlagen für das makroskopische Lampenmodell von (Daub 2009) und dem Ladungstransportmodell zur Beschreibung der Restladung im Gasraum (Trampert 2009). Dem Einfluss der Restladung widmet sich auch das Modell mit Ladungsschichtkapazitäten von (Neiger et al. 1994). Allen Modellen ist gemeinsam, dass mindestens eine Kapazität im Gasraum die Aufladung der Barrieren durch die Restladungen beschreibt.

Folgend werden die bisherigen Modelle vorgestellt, erörtert und daraus das erweiterte Ladungstransportmodell abgeleitet. Ziel des erweiterten Ladungstransportmodells ist die Beschreibung der DBE unabhängig von der Ausbildungsform der Entladung.

4.2.1 Modell mit Ladungsschichtkapazitäten

In dem Modell mit Ladungsschichtkapazitäten von (Neiger et al. 1994) wird die Restladung im Gasraum in den Ladungsschichtkapazitäten, hier C_L genannt, versinnbildlicht. Die Ladungsschichtkapazitäten sind in Serie zum zeitlich veränderlichen Widerstand des Plasmas R_{Plasma} (Abbildung 4.10b)). Die Ladung Q auf den Ladungsschichtkapazitäten erhöhen die über dem Gasraum anliegende Spannung um den Faktor $(1 + k)$, wenn die nächste Entladung in entgegengesetzer Richtung stattfindet, wie dies zum Beispiel beim Sinus-Betrieb der Fall ist. Der k-Faktor gibt dabei an, welcher Anteil der Restladung für die nächste Zündung noch vorhanden ist. Die dynamische Zündspannung u_{Lampe} beträgt den $(1+k)$-ten Teil der Zündspannung ohne Anfangsladung. Treten keine Ladungsträgerverluste auf ($k = 1$), so sinkt für die nächste Zündung die dynamische Zündspannung nach Gleichung (4.7) auf genau die Hälfte der Zündspannung bei vollständigem Ladungsverlust ($k = 0$):

$$u_{Lampe} = \frac{1}{(1+k)} \cdot u_{Lampe}(k = 0) \tag{4.7}$$

Bestimmt wird k aus dem Verhältnis von innerem Ladungsumsatz ΔQ vor und nach der Zündung:

$$k = \left| \frac{\Delta Q_{vor\ Zündung}}{\Delta Q_{nach\ Zündung}} \right| - 1 \tag{4.8}$$

Für eine theoretische Herleitung des k-Faktors wird auf (Neiger et al. 1994) verwiesen. Das Modell mit Ladungsschichtkapazitäten beschreibt durch k in einer einfachen Weise die Frequenzabhängigkeit der dynamischen Zündspannung. Anzumerken ist jedoch, dass die Bestimmung des k-Faktors oftmals an der notwendigen numerischen Integration des Stromes zwischen unklaren zeitlichen Grenzen scheitert.

4.2.2 Ladungstransportmodell

Die Idee der Ladungsbeschreibung mit einem Kondensator wird von (Trampert 2009) wieder aufgegriffen und in dem Ladungstransportmodell verfeinert. Die Grundlage des Ladungstransportmodells liefert die Ladungserhaltung aufgrund der Barrieren, d. h. die Ladung Q muss auf allen Serien-Kondensatoren gleich sein. (Trampert 2009) leitet aus diesem Sachverhalt eine Formel zur Beschreibung der Restladungen ab und beschreibt die Restladung als Spannung auf einem als konstant angenommen Kondensator C_{charge}. C_{charge} liegt mit der Plasmaimpedanz Z_{excite} in Reihe und gemeinsam parallel zur Vakuumkapazität des Gasraumes C_{Gap} (Abbildung 4.10c)).

In dem Ladungstransportmodell wird die Ladungsschichtkapazität beibehalten und um die Messmethode zur Bestimmung der inneren Größen aus (Roth 2001) ergänzt. Somit können aus den Spannungen u_{Lampe} und $u_{Barriere}$ die Restladungen der Zündung bestimmt werden, wenn folgende vereinfachende Annahmen getätigt werden:

- Die im Plasma generierten Elektronen und Ionen werden vom angelegten elektrischen Feld räumlich getrennt. Die Elektronen werden infolge ihrer geringen Masse im E-Feld beschleunigt, während die Ionen durch die größere Masse ortsfest bleiben.

- Die Trennung von Ionen und Elektronen erzeugt eine Raumladungszone und ein lokal erhöhtes Feld. Dies wird in (Pflumm 2003) als interne Feldüberhöhung beschrieben und führt zu einer Steigerung der Ionisierung und somit zu einer Erhöhung der Ionendichte in der Raumladungszone. Die von (Pflumm 2003) als *effektive* Anode bezeichnete Raumladungszone wandert im Laufe der Entladungsphase Richtung Kathode und verdichtet sich hierbei. Die räumliche Verteilung der Elektronendichte und Ionendichte wird auf den jeweiligen Schwerpunkt der Dichteverteilung reduziert. Weitergehend wird vereinfacht, dass die Schwerpunkte der Ladungsdichten sich nach der Entladung auf den Barrieren befinden.

- Es wird von einer homogenen Verteilung der Ladungen auf den Barrieren ausgegangen. Damit entspricht die Ladung bei einer filamentierten Entladung dem durchschnittlichen Wert über der Ladungsverteilung.

Wichtig ist, dass die räumliche Verteilung der Ladungsträgerdichte vereinfacht ist indem angenommen wird, die gesamten Ladungsträger befänden sich nach der Zündung auf den Barrieren. Folgend wird C_{charge} als Plattenkondensator mit Fläche A und Elektrodenabstand d_{Gap} beschrieben. Die Polarisation des Plasmas kann nach (Trampert 2009) vernachlässigt werden, da Elektronen und Ionen im Plasma bis auf die Coulombkraft keine Bindung besitzen. Es folgt $\varepsilon_r = 1$ und

$$C_{charge} = \varepsilon_0 \varepsilon_r \, \frac{A}{d_{Gap}} \tag{4.9}$$

Damit ergibt sich weiter:

$$C_{Charge} = C_{Gap} \tag{4.10}$$

Die Restladungsdichte wird nach (Trampert 2009) aus der Spannung u_{charge} an C_{charge} bestimmt. Auf die vollständige Herleitung wird aus Gründen der Übersichtlichkeit auf (Trampert 2009) verwiesen.

Die Spannung u_{charge} kann über die Ladungserhaltung im Gasraum und die Aufteilung der Ladung auf C_{Gap} und C_{charge} durch folgende Formel beschrieben werden:

$$u_{charge} = \frac{C_{Gap}\left(u_{Barriere} - u_{Lampe}\left(\dfrac{C_{Gap}}{C_{Gap} + C_{Barriere}}\right)\right)}{C_{charge}} \tag{4.11}$$

Mit der Äquivalenz der Kondensatoren C_{Gap} und C_{charge} kann Gleichung (4.11) vereinfacht werden zu:

$$u_{charge} = u_{Barriere} - u_{Lampe}\left(\frac{C_{Gap}}{C_{Gap} + C_{Barriere}}\right) \tag{4.12}$$

Auf diese Weise kann die Spannung u_{charge} über die direkt gemessene Spannung u_{Lampe} und die innere Spannung $u_{Barriere}$, gewichtet mit dem Verhältnis der Kondensatoren C_{Gap} zu $C_{Gap} + C_{Barriere}$, bestimmt werden.

Die Spannung der Plasmaimpedanz Z_{excite} kann mit dem zweiten Kirchhoffschen Gesetz berechnet werden:

$$u_{excite} = u_{Gap} - u_{charge} \tag{4.13}$$

Die Leistung der Plasmaimpedanz Z_{excite} kann schließlich aus der Spannung u_{excite} multipliziert mit dem Plasmastrom i_{Plasma} bestimmt werden:

$$p_{excite} = u_{excite} \cdot i_{Plasma} \qquad (4.14)$$

Anzumerken ist, dass der gesamte Wirkleistungsumsatz in Z_{excite} stattfindet und die Leistung in C_{charge} im zeitlichen Mittel null beträgt.

Das Ladungstransportmodell liefert nach (Trampert 2009) eine genauere Zündbedingung des Plasmas. Als Zündbedingung wird statt der Spannung der Vakuumkapazität des Gasraums u_{Gap} die Spannung u_{excite} herangezogen. Deren Maximum stimmt zeitlich gut mit dem Plasmastrommaximum überein und beschreibt beispielsweise den Zweifachzündbereich einer DBE korrekt. Exemplarisch für eine Xe-DBE mit einem Druck von $p_{Xe} = 250\,\mathrm{mbar}$ und einer sinusförmigen Anregung mit einer Repetitionsrate von $f = 40\,\mathrm{kHz}$ zeigt Abbildung 4.11 eine Variation der Lampenspannung. In Abbildung 4.11a dargestellt ist die Gapspannung für $1020\,\mathrm{V_{rms}} \leq u_{Lampe} \leq 2030\,\mathrm{V_{rms}}$. Für die Spannung $u_{Lampe} < 1700\,\mathrm{V_{rms}}$ liegt der Einfachzündbereich vor, für die zwei Spannungen oberhalb der Zweifachzündbereich. Auffällig ist erstens, dass der Scheitelwert der Gapspannung mit steigender effektiver Lampenspannung sinkt. Dies würde eine Zündung bei niedrigeren Spannungen bedeuten.

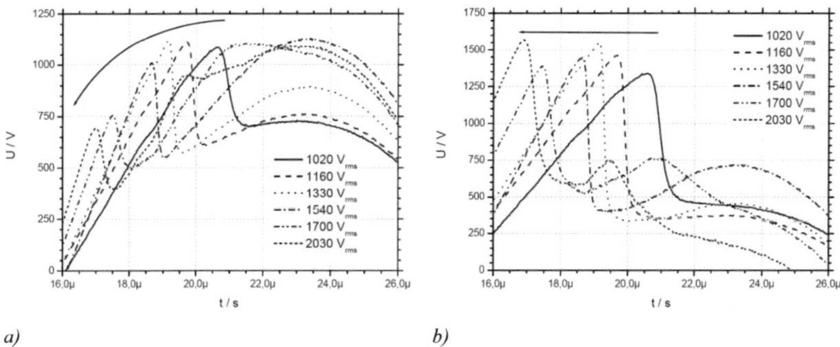

Abbildung 4.11: Sinusförmige Anregung einer DBE mit $p_{Xe} = 250\,mbar$ und $f = 40\,kHz$ a) Verlauf der Spannung u_{Gap} b) Verlauf der Spannung u_{excite} jeweils bei Variation der Lampenspannung. Quelle: (Trampert 2009)

Zweitens ist auffällig, dass im Zweifachzündbereich die zweite Zündung bei einer höheren Spannung u_{Gap} stattfindet, was der Zündung in einem, von der ersten Zündung, vorionisierten Plasma widerspricht. (Trampert 2009) gibt als Ursache die restlichen Raumladungen an, die das angelegte elektrische Feld verzerren und definiert die Zündspannung über u_{excite}. Die Zündspannung u_{excite} ist für die erste Zündung näherungsweise unabhängig von der Lampenspannung und für die Rückzündung deutlich unter der dynamischen Erstzündspannung. Folgerichtig wird die Vorgeschichte der Entladung über u_{excite} besser beschrieben als über u_{Gap}.

Auch für eine unipolar gepulste Entladung beschreibt der Verlauf von u_{excite} die Zündungen nachvollziehbar. Für einen Druck von $p_{Xe} = 200$ mbar und eine Repetitionsrate von $f = 30$ kHz sind in Abbildung 4.12a exemplarisch die Spannungen u_{Lampe}, $u_{Barriere}$ und u_{Gap} über der Zeit aufgetragen. Die DBE zündet bei $t = 200$ ns ein erstes und bei $t = 800$ ns ein zweites Mal (Rückzündung). Auffallend ist, dass die Rückzündung bei einer Spannung u_{Gap} von nahe null stattfindet. Dagegen beträgt die berechnete Spannung u_{excite} zum Zündzeitpunkt u_{excite} $(t \cong 800$ ns$) = -1200$ V. Damit liegt die Zündspannung lediglich geringfügig unterhalb der dynamischen Zündspannung der ersten Zündung und die Zündung folgt den plasmaphysikalischen Gesetzen.

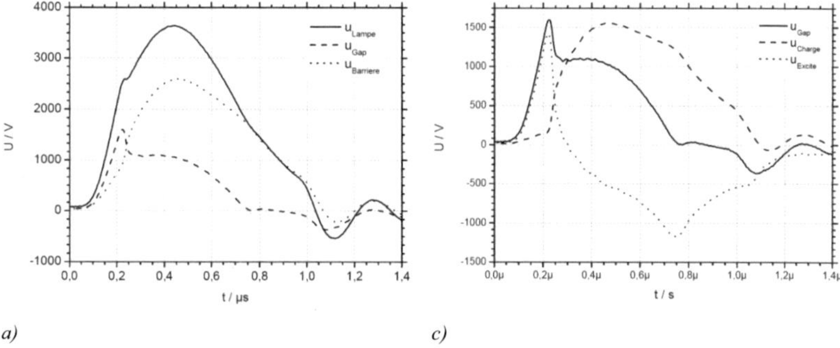

a)   c)

Abbildung 4.12: Unipolar gepulster Betrieb einer DBE mit $p_{Xe} = 200$ mbar und $f = 30$ kHz a) Zeitlicher Verlauf der Spannungen u_{Lampe}, u_{Gap} und $u_{Barriere}$ b) Zeitlicher Verlauf der gemessenen Spannungen u_{Gap}, u_{charge} und u_{excite}. Quelle: (Trampert 2009)

Zusammenfassend können mit u_{excite} die Vorgeschichte der Entladung und die Verzerrung der Spannung durch die Raumladungen gut beschrieben werden. Problematisch ist jedoch, dass die Definition von u_{excite} mit einer festen Plasmakapazität (Gleichung (4.10)) nicht für filamentierte und gemusterte Entladungen mit unbekannter gezündeter Fläche geeignet ist. Zudem beschreibt die vereinfachte Ladungsträgerdichte auf den Barrieren die Ausbildung einer Ladungsschichtkapazität und die Ausbildung der effektiven Anode nur unvollständig.

4.2.3 Makroskopisches Lampenmodell

Auf dem Ladungstransportmodell nach (Trampert 2009) beruhend, stellt (Daub 2009) ein makroskopisches Lampenmodell zur Schaltungssimulation vor. Mithilfe des erstellten makroskopischen Modells der DBE kann (Daub 2009) das Verhalten des entwickelten unipolaren Pulsvorschaltgerätes überprüfen und den Wirkungsgrad optimieren.

In dem Modell wird C_{charge} durch den konstanten Kondensator C_{Plasma} ersetzt und Z_{excite} durch die experimentell ermittelte und analytisch beschriebene Plasmaimpedanz Z_{ion} mit Leitfähigkeit G_{ion} ersetzt. Aufgrund der Ähnlichkeit der Ersatzschaltbilder wird an dieser Stelle auf eine Abbildung verzichtet und stattdessen auf Abbildung 4.10c) verwiesen. (Daub 2009) bestimmt die Kapazität von C_{Plasma} durch Integration des Lampenstromes, merkt jedoch an, dass diese Methode nur für einen kurzen Zeitraum nach der Zündung anwendbar ist, bevor die Ladungsträger die Barriere erreichen. Dies ist der Bereich, nachdem die Zündung erfolgt ist, beginnend zum Zeitpunkt der minimalen Gapspannung t_m bis zum Zeitpunkt t_n, wenn die Entladung bei $i_{Lampe} = 0$ erlischt.

Es bleibt also festzuhalten, dass der Schwerpunkt der Ladungsträger im Zündungsmoment nicht auf der Barriere liegt. Bestimmt wird C_{Plasma} nach der Zündung über Gleichung (4.15).

$$C_{Plasma}(t) = \frac{\displaystyle\int_{t_m}^{t_n} i_{Lampe}(t)\,dt}{u_{Gap}(t)} - C_{Gap} \tag{4.15}$$

C_{Plasma} ist, wie (Daub 2009) experimentell zeigt, linear von der Spannungsanstiegsgeschwindigkeit du_{Lampe}/dt abhängig. Dieser Zusammenhang ist in Tabelle 4.3 wiedergegeben. Der Kondensator C_{Plasma} kann, verglichen mit C_{Gap}, sowohl kleinere Werte als C_{Gap} annehmen, als auch bis zu dem Faktor 14,6 größer sein.

Tabelle 4.3: Abhängigkeit der Lampenkapazität und Plasmakapazität von der Spannungsanstiegsgeschwindigkeit bei Pulsanregung nach (Daub 2009). Vakuumkapazität C_{Gap} =91 pF.

du_{Lampe}/dt	C_{DBE} nach Entladung	C_{Plasma} nach Entladung
kV/µs	pF	pF
8	68	11
8,35	94	79
9,22	128	237
10,74	145	369
12,34	165	611
14,93	181	1200
15,63	185	1330

Z_{ion} enthält Zustand- und Zündbedingungen, um den passenden zeitlichen Leitfähigkeitsverlauf für die erste Zündung und Rückzündung zu wählen. Die Zündbedingung besteht darin, dass über der hochohmigen Plasmaimpedanz die Zündspannung abfällt. Nach Erreichen der Zündbedingung steigt der Leitwert G_{ion} von Z_{ion} exponentiell von null auf einen Maximalwert an. Die maximale Leitfähigkeit des Plasmas G_{ion} wird experimentell über das Ohmsche Gesetz aus der Gapspannung und dem Plasmastrom bestimmt. Auch G_{ion} zeigt eine näherungsweise lineare Abhängigkeit von der Spannungsanstiegsgeschwindigkeit.

Weitergehend wurde in das Simulationsmodell ein von der Anregungsart abhängiger Parametersatz implementiert, da die Zusammenhänge zwischen Spannungsanstiegsgeschwindigkeit und Leitwert bzw. Plasmakapazität nicht erklärt werden konnten.

Unter Berücksichtigung der in dieser Arbeit beschriebenen Stromdichteabhängigkeit der DBE, kann die von (Daub 2009) gefundene lineare Abhängigkeit von C_{Plasma} als Übergang einer filamentierten in eine homogenen Entladung interpretiert werden, da die Spannungsanstiegsgeschwindigkeit proportional zum Lampenstrom ist (vgl. Kapitel 6.3).

4.2.4 Erweitertes Ladungstransportmodell

Im Rahmen dieser Arbeit wird das Ladungstransportmodell erweitert, um die Entladung unabhängig von der Ausbildungsform korrekt zu beschreiben. Hierfür wird der feste Kondensator $C_{charge} = C_{Gap}$ durch eine von der Ausbildungsform abhängige Raumladungskapazität C_{charge} ersetzt[1]. Es wird gezeigt, wie C_{charge} aus der elektrischen Wirkleistung $p_{excite}(t)$ bestimmt werden kann.

Für die im Rahmen dieser Arbeit benutzte resonante Pulsanregung mit erster Zündung und Rückzündung konnte simulativ gezeigt werden, dass die Ladungsträgerdichte vor den Barrieren maximal ist und sich eine durchwandernde Raumladungszone ausprägt. Für das erweiterte Ladungstransportmodell wird die Entladung in zwei Bereiche aufgeteilt. Erstens, die positive Säule im Bereich der Anode bis zur durchwandernden Raumladungszone. Diese bleibt aufgrund der hohen Ladungsträgerdichte nahezu feldfrei. Zweitens der Kathodenfall, der sich von der Raumladungszone zur Kathode bildet. Anzumerken ist, dass der Anodenfall nicht berücksichtigt wird.

Der Kathodenfall wird mit der Raumladungskapazität C_{charge} beschrieben. Das leitfähige Plasma in dem Bereich von der RLZ zur Anode wird durch den Plasmawiderstand R_{excite} beschrieben. Dabei berücksichtigt das erweiterte Ladungstransportmodell die folgenden bereits einzeln vorgestellten Erkenntnisse:

1. Der Kondensator C_{charge} vereinigt die zwei Ladungsschichtkapazitäten (Neiger et al. 1994), da diese in zeitlicher Abfolge wirksam werden. Die Ladung auf C_{charge} beschreibt die Restladungsdichte des Plasmas (Trampert 2009).

2. Die Impedanz des Plasmas Z_{excite} aus (Trampert 2009) wird durch einen zeitlich veränderlichen Widerstand R_{excite} beschrieben, wie dies auch von (Neiger et al. 1994) vorgeschlagen wurde. R_{excite} beschreibt räumlich die Strecke von Anode zur Raumladungszone. Diese ist wie in Kapitel 4.1 gezeigt näherungsweise feldfrei und kann dementsprechend kein Quellenverhalten zeigen. Das Widerstandverhalten ist schlüssig, da das von (Liu 2002) gezeigte zeitweise Quellenverhalten des Plasmas in dem Kondensator C_{charge} enthalten ist.

3. Die als effektive Anode von (Pflumm 2003) bezeichnete durchwandernde Raumladungszone bewegt sich im Fall eines kathodenseitigen Streamerdurchbruchs während der Zündung zur Kathode. Eine zeitlich

---

[1] Hierbei handelt es sich um eine Erweiterung des Ladungstransportmodells, weshalb die Bezeichnung von (Trampert 2009) übernommen wird.

unveränderliche Raumladungskapazität C_{charge} beschreibt somit eine mittlere Kapazität. Im homogenen Betrieb muss C_{charge} die Vakuumkapazität C_{Gap} übersteigen, da die Ausbildung des Kathodenfalls kleiner als die Schlagweite der Entladung ist.

4. (Daub 2009) beschreibt bereits eine linear zur Spannungsanstiegsgeschwindigkeit zunehmende Kapazität. Es wird in dieser Arbeit gezeigt, dass die aktive Fläche der Entladung von der Stromdichte und damit von Spannungsanstiegsgeschwindigkeit an der DBE abhängt. Damit kann C_{charge} auch kleinere Werte als C_{Gap} annehmen, wenn die gezündete Fläche im filamentierten Betrieb die Elektrodenfläche nicht komplett bedeckt.

Das erweiterte Ladungstransportmodell ist in Abbildung 4.13 dargestellt. Der Plasmawiderstand R_{excite} liegt in Serie zur Raumladungskapazität C_{charge}, beide werden von dem experimentell ermittelten Plasmastrom i_{Plasma} durchflossen. Die Spannung u_{Gap} teilt sich in u_{excite} und u_{charge} auf.

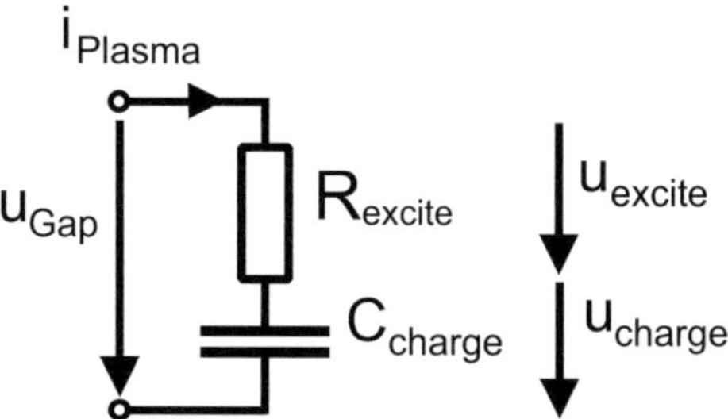

Abbildung 4.13: Erweitertes Ladungstransportmodell mit Plasmawiderstand R_{excite} in Serie zur Raumladungskapazität C_{charge}

C_{charge} wird als Plattenkondensator beschrieben und nach Gleichung (4.16) berechnet:

$$C_{charge} = \varepsilon_0 \varepsilon_r \frac{A_{ignited}}{d_{Fall}} \tag{4.16}$$

Es gilt $\varepsilon_r = 1$. Damit wird C_{charge} äquivalent zu (Trampert 2009) als Plattenkondensator beschrieben, jedoch ist die Fläche hier von der Ausbilddungsform der Entladung abhängig. Im homogenen Betrieb kann $A_{ignited} = A$ gesetzt werden.

Dies ist für eine filamentierte Entladung nicht gegeben und $A_{ignited}$ müsste durch Kurzzeitaufnahmen bestimmt werden.

Der Elektrodenabstand von C_{charge} wird durch die Kathodenfallbreite d_{Fall} beschrieben. Problematisch hierbei ist, dass d_{Fall} messtechnisch nicht direkt zugänglich ist und sich die Kathodenfallbreite während dem Durchzünden der Entladung ändert. Weitergehend unterscheidet sich d_{Fall} für die erste Zündung und Rückzündung.

C_{charge} wird daher über eine analytische Überlegung berechnet. Da R_{excite} kein Quellenverhalten haben kann, darf die Spannung u_{excite} dem Plasmastrom nicht entgegengesetzt sein. u_{excite} und i_{Plasma} müssen vorzeichengleich sein, woraus folgt, dass die Leistung p_{excite} nicht negativ sein kann.

Die Spannung u_{excite} ist die Differenz der Spannungen u_{Gap} und u_{charge}. Damit kann die Leistung p_{excite} aus dem Produkt von u_{excite} und i_{Plasma} berechnet werden:

$$p_{excite}(t) = \left(u_{Gap}(t) - u_{charge}(t) \right) \cdot i_{Plasma}(t) \tag{4.17}$$

u_{charge} kann in Gleichung (4.17) durch (4.11) substituiert werden und $u_{Gap} \cdot i_{Plasma}$ zu p_{Plasma} nach (3.11) zusammengefasst werden:

$$p_{excite}(t) = p_{Plasma}(t) - \frac{C_{Gap} i_{Plasma}(t)}{C_{charge}(t)} \left(u_{Barriere}(t) - u_{Lampe}(t) \left(\frac{C_{Gap}}{C_{Gap} + C_{Barriere}} \right) \right) \tag{4.18}$$

$C_{charge}(t)$ kann berechnet werden, wenn berücksichtigt wird, dass $p_{excite} \geq 0$ sein muss. Es folgt:

$$p_{Plasma}(t) \geq \frac{C_{Gap} i_{Plasma}(t)}{C_{Charge}(t)} \left(u_{Barriere}(t) - u_{Lampe}(t) \left(\frac{C'_{Gap}}{C_{Gap} + C_{Barriere}} \right) \right) \tag{4.19}$$

Wird von dem Plasma während der Zündung elektrische Energie aufgenommen, ist $p_{Plasma}(t)$ positiv. Gleichzeitig wandert die RLZ zur Kathode. Damit hat $C_{charge}(t)$ mindestens die Größe:

$$C_{Charge}(t) \geq \frac{C_{Gap}}{u_{Gap}(t)} \left(u_{Barriere}(t) - u_{Lampe}(t) \left(\frac{C_{Gap}}{C_{Gap} + C_{Barriere}} \right) \right) \tag{4.20}$$

Zeigt $p_{Plasma}(t)$ momentan Quellenverhalten so wird $C_{charge}(t)$ in diesem Fall nach oben limitiert:

$$C_{Charge}(t) \le \frac{C_{Gap}}{u_{Gap}(t)}\left(u_{Barriere}(t) - u_{Lampe}(t)\left(\frac{C_{Gap}}{C_{Gap} + C_{Barriere}} \right) \right) \qquad (4.21)$$

Da die Kapazität $C_{charge}(t)$ einen stückweise stetigen Verlauf haben muss, zeigen die Gleichung (4.20) und (4.21), dass $C_{charge}(t)$ während der Leistungseinkopplung größere Werte annimmt und während des Quellenverhaltens des Plasmas kleinere Werte annimmt. Damit ist die modellhafte Kapazität $C_{charge}(t)$ zeitabhängig. Dies wird von den Simulationen in Kapitel 4.1 unterstützt, da sich die Raumladungszone im Verlauf der Zündung ausbildet.

Wird der zeitliche Verlauf von $C_{charge}(t)$ berechnet, ergibt sich das Problem, dass die Spannungen u_{Gap}, $u_{Barriere}$ und u_{Lampe} durch null gehen. Die Kapazität $C_{charge}(t)$ würde wiederholt gegen unendlich gehen. Dieses Problem ist bereits in (Daub 2009) bekannt und wird durch eine zeitlich unveränderliche Kapazität C_{charge} gelöst. Wird C_{charge} beispielsweise mit einem festen Wert, aber zu kleinen Wert unterschätzt, so ergibt sich nach Gleichung (4.18) eine zeitweise negative Leistung p_{excite}, da der Subtrahend größer dem Minuend ist.

Die maximale Kapazität von C_{charge} wird bestimmt, indem p_{excite} mit einem zeitunabhängigen Wert für C_{charge} iterativ gegen null geht.

$$C_{charge} \longrightarrow \max\,(C_{charge}(t)) \quad \text{für} \quad \lim_{p_{excite}(t) \to 0} \forall t \in \left(0, t_{Periode} \right) \qquad (4.22)$$

Hierzu wird beginnend mit einen konstanten Wert von $C_{charge} = C_{gap}$ die Leistung $p_{excite}(t)$ berechnet. Anhand des Minimums von $p_{excite}(t)$ wird überprüft, ob C_{charge} hinreichend groß ist und C_{charge} anderenfalls schrittweise erhöht. Ein praktikables Abbruchkriterium der Iteration ist erreicht, wenn das Minimum der Leistung p_{excite} im Bereich der Messunsicherheit liegt. Für oszilloskopische Messungen ist dies ca. $7 - 12\,\%$ des Maximalwertes. Wird das Abbruchkriterium kleiner als die Messunsicherheit gewählt, so kann nicht zwischen Messfehler und realer Kapazität unterschieden werden.

Für den in Kapitel 4.1 beschrieben homogenen Betrieb der Laborlampe zeigt Abbildung 4.14 exemplarisch die elektrische Leistungsdichte p_{excite} für unterschiedliche Werte von C_{charge}. Mit steigender Kapazität C_{charge} wird der zeitweilige Blindanteil der Leitungsdichte während der ersten Zündung und nach der zweiten Zündung reduziert, so dass p_{excite} für $C_{charge} = 2{,}6 \cdot C_{gap}$ näherungsweise einen reinen Wirkleistungsumsatz zeigt.

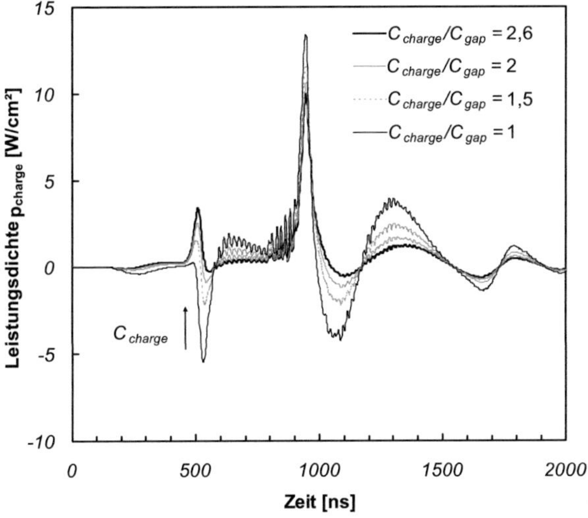

Abbildung 4.14: Leistungsdichte P_{excite} über der Zeit aufgetragen für verschiedene Werte von C_{charge}. Pulsform und elektrische Parameter aus Kapitel 4.1

Zusammenfassend bewirkt die vereinfachte Bestimmung und der konstante Wert der Raumladungskapazität C_{charge} eine zeitweise Unterschätzung der Spannung u_{charge} und damit einhergehend die Überschätzung von u_{excite} und p_{excite}. Anzumerken ist jedoch, dass jede konstante Kapazität eine fehlerbehaftete Vereinfachung ist.

Eine Definition der Zündspannung der DBE anhand einer festen Kapazität C_{charge} ist damit eine vereinfachende Näherung. Aus diesem Grunde wird die Zündspannung in dieser Arbeit über die Gapspannung u_{Gap} definiert, da die Berechnung der Gapspannung keiner veränderlichen Kapazität unterliegt.

Da in C_{charge} nur Blindleistung, aber keine Wirkleistung umgesetzt wird, können die Verluste in dem Kathodenfall mit diesem vereinfachten Modell nicht beschrieben werden.

Wichtiger als die absolute Kapazität für C_{charge} ist der qualitative Verlauf der Spannung u_{charge} und u_{excite} für die plasmaphysikalische Interpretation und die Vereinbarkeit einer filamentierten und einer homogenen Entladung in einem einfachen elektrischen Modell. Dies wird in Kapitel 6.4 detailliert dargelegt.

5 Elektronische Betriebsgeräte für DBE

Elektronische Betriebsgeräte für DBEs unterscheiden sich in drei Hauptanforderungen von Betriebsgeräten für Gasentladungslampen mit Elektroden. Erstens, im stationären Betrieb muss eine hohe Zündspannung zur Verfügung gestellt werden, da die DBE in jeder Periode wieder gezündet wird. Typische Spannungen betragen zwischen $u_{Lampe} = 1$ kV und $u_{Lampe} = 3$ kV. Zweitens fließt durch die Barriere kein Gleichstrom, weshalb die DBE mit HV-Wechselspannung betrieben wird. Die DBE ist somit eine kapazitive Last mit einem Leistungsfaktor um 0,3 (Sowa et al. 2004). Die nach der Zündung auf der DBE verbleibende Blindleistung muss vom Betriebsgerät wieder aufgenommen werden. Elektrodenbehaftete Gasentladungslampen besitzen dagegen einen Leistungsfaktor von 1 (Ohmsche Last). Drittens wird die DBE vorteilhaft gepulst betrieben. (Vollkommer et al. 1994) berichten von einer Effizienzsteigerung im gepulsten Betrieb und einer erreichten Plasma-Effizienz bis zu 65 %. Dies wird von (Mildren et al. 2001a) bestätigt und eine maximale Effizienzsteigerung gegenüber dem Sinusbetrieb um den Faktor 3,2 gezeigt. Elektrodenbehaftete Gasentladungslampen werden dagegen mit Gleichstrom, einer niederfrequenten Rechteckspannung oder hochfrequenten Wechselspannung betrieben.

Nach der Beschreibung bekannter Betriebsgeräte für DBEs in Kapitel 5.1 wird das neuartige resonante Puls-Betriebsgerät in Kapitel 5.2 vorgestellt. Die Pulsform des resonanten Puls-Betriebsgeräts wird aus der Untersuchung der Schwellenstromdichte und der Minimierung der Glimmverluste hergeleitet. Daher ist die Pulsform thematisch ein Ausblick auf die experimentellen Ergebnisse in den Kapiteln 6.3 und 6.5. Ziel des resonanten Puls-Betriebsgeräts ist es DBEs auch mit einer Parallel-Kapazität effizient zu betreiben. Der Betrieb mit Parallel-Kapazität stellt hohe Anforderungen an die Energierückgewinnung eines Betriebsgerätes, kann aber den nötigen Spitzenstrom für die homogene Entladung zur Verfügung stellen. Der Betrieb einer DBE mit Parallel-Kapazität wird daher in Kapitel 5.3 analytisch hergeleitet.

5.1 Bekannte Betriebsgeräte

Betriebsgeräte für DBEs können in zwei Klassen unterteilt werden, erstens Betriebsgeräte mit sinusförmiger Ausgangsspannung und zweites gepulste Betriebsgeräte. Die gepulsten Betriebsgeräte können weiter unterteilt werden in hartschaltende, quasi-resonant und resonant arbeitende Betriebsgeräte.

5.1.1 Betriebsgerät mit sinusförmiger Ausgangsspannung

Resonante Betriebsgeräte mit sinusförmiger Ausgangsspannung bestehen aus einer Voll- oder Halbbrücke mit LC-Resonanzkreis oder Push-Pull-Invertern. Die Voll- oder Halbbrücke erzeugt eine lückenlose Rechteckspannung, die den LC-Resonanzkreis anregt. Der Resonanzkreis kann zum Erreichen der benötigten hohen Zündspannung einen Transformator enthalten, der die primärseitige Wechselspannung hochtransformiert. Typische Betriebsfrequenzen liegen oberhalb des hörbaren Bereiches zwischen $f = 20$ kHz und $f = 200$ kHz. Durch eine Frequenzänderung kann bei einem festen Resonanzkreis die Ausgangspannung variiert werden. Alternativ kann, durch eine variable Zwischenkreisspannung U_{DC} oder eine variable Drossel L_{var} nahezu jede beliebige Frequenz und Spannung erzeugt werden (siehe Abbildung 5.1). Aufgrund der möglichen resonanten Schaltentlastung mittels spannungsfreiem Zero-Voltage-Switching (ZVS) oder stromlosen Zero-Current-Switching (ZCS) werden Wirkungsgrade bis 90 % erreicht (Kunze et al. 1992).

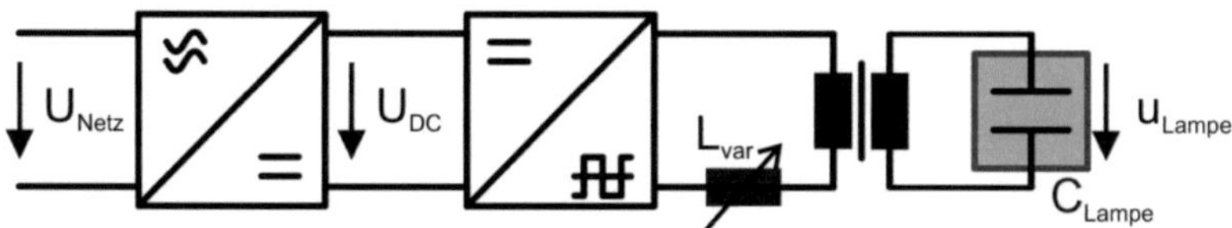

Abbildung 5.1:   Betriebsgeräts mit sinusförmiger Ausgangsspannung nach (Trampert 2009)

Push-Pull-Inverter, meistens als Push-Pull-Royal-Inverter mit separater Drossel ausgeführt, stellen eine weitere Möglichkeit zur Erzeugung einer hochfrequenten Wechselspannung dar. Push-Pull-Inverter bestehen aus einem Transformator mit drei Wicklungen mit zwei primärseitig in Serie liegenden Halbleiterschaltern. Sekundärseitig wird die DBE angeschlossen. Für eine Übersicht über Push-Pull-Inverter und gepulste Betriebsgeräte sei auf (Sowa et al. 2004) verwiesen.

5.1.2 Flyback-Inverter

Im Leistungsbereich $P > 20$ W bis $P \approx 110$ W werden gepulste Betriebsgeräte beispielsweise für die Planon, die Linex oder die Xeradex (alle OSRAM) als Flyback-Inverter ausgeführt. In Serie zu einem Transformator liegt primärseitig ein Halbleiterschalter gegen PE (Abbildung 5.2a)). Sekundärseitig ist die DBE angeschlossen. Im Unterschied zu den Push-Pull-Invertern wird im leitenden Zustand des Halbleiterschalters ein magnetisches Feld im Transformator aufgebaut und die Lampenspannung gleicht der transformierten Gleichspannung. Nach dem Öffnen des Halbleiterschalters wird die magnetische Energie des Transformators auf die Sekundärseite übertragen, da der Stromfluss primärseitig unterbrochen ist. Flyback-Inverter für DBEs enthalten in der Regel keine sekundärseitige Diode, wie diese für Gleichspannungswandler üblich ist, da die Kapazität der DBE entladen werden muss. Die auf der DBE verbleibende Energie schwingt nach der Zündung resonant in das Betriebsgerät zurück.

Ein typischer Verlauf von Lampenstrom und Lampenspannung ist in Abbildung 5.2b) für die Planon 21,3″ dargestellt. Der maximale Lampenstrom fließt zu Beginn des Spannungsanstieges und sinkt resonant ab. Überlagert wird der Lampenstrom von Oszillationen bedingt durch die Resonanz aus Streuinduktivität und Lampenkapazität (Kyrberg et al. 2007). Für größere kapazitive Lasten können Flyback-Inverter parallelisiert werden. Dabei liegen mehrere Halbleiterschalter mit Transformatoren primärseitig parallel. Die sekundären Transformatorausgänge liegen in Serie.

Vorteil der Flyback-Inverter ist, dass resonant unter ZVS ein und unter ZCS ausgeschaltet werden kann. Nachteilig ist aber, dass der maximale Strom nicht für die Zündung der Lampe zur Verfügung steht. Dies ist, wie in Kapitel 6.3 gezeigt wird, für eine homogene Entladung von maßgebender Bedeutung. Weitergehend kann die Pulsform nur durch die Streuinduktivität, ohne Verlust der resonanten Schaltbedingungen, variiert werden. Damit kann die Spannungsform nicht geändert werden, was dieses Konzept unflexibel macht.

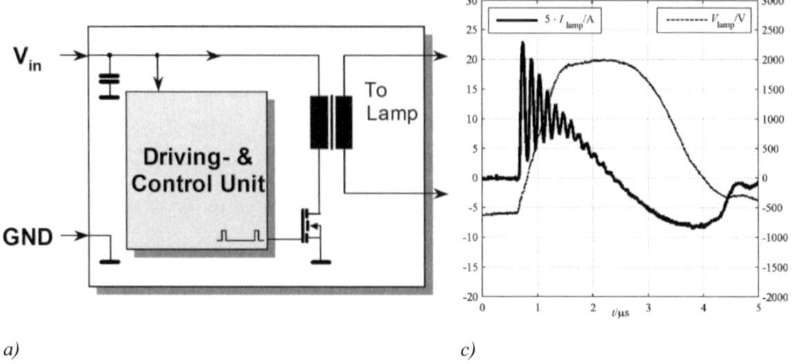

a)   c)

Abbildung 5.2:   a) Schema Flyback-Inverter (Sowa et al. 2004) b) Typischer Lampenstrom und
Lampenspannung für einen Flyback-Inverter (Kyrberg et al. 2007)

5.1.3   Adaptives unipolares Puls-Betriebsgerät

Die Entwicklung eines adaptiven unipolaren Puls-Betriebsgerät für unterschied-
liche Lampenkapazitäten wurde in (Daub 2009) vorgestellt. Dieses, auch in
dieser Arbeit verwendete Betriebsgerät, wird im Folgenden näher beschrieben.
Mit dem adaptiven unipolaren Betriebsgerät für DBE besteht einerseits eine
Möglichkeit zum effizienten Betrieb der dielektrisch behinderten Entladung.
Andererseits kann die Pulsformen gezielt verändert und der Einfluss auf die
DBE untersucht werden. In dieser Topologie wird eine Halbbrücke, bestehend
aus den Schaltern S_1 und S_2, aufgetrennt und eine Speicherdrossel L in den
Halbbrückenzweig eingebracht. Parallel dem unteren Halbleiterschalter S_2 liegt
der Transformator mit DBE. Der vereinfachte Schaltplan ist in Abbildung 5.6
dargestellt.

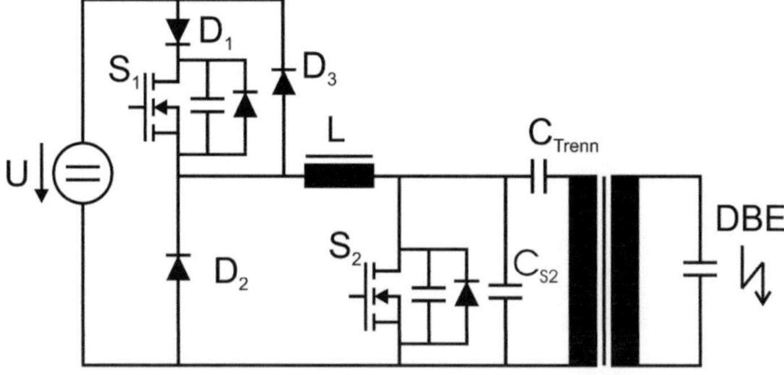

Abbildung 5.3:   Schaltplan adaptives Vorschaltgerät für DBE, Quelle: (Daub 2009)

Nach dem Schließen des Schalters S_1 wird die Speicherdrossel L über den geschlossenen Schalter S_2 geladen. Die Zeit zwischen Schließen von Schalter S_1 und Öffnen von S_2 wird als Vorladezeit t_l definiert. In dieser Phase liegt keine Spannung an der Lampe an (vgl. Abbildung 5.4). Nach dem Ende der Vorladezeit wird der Schalter S_2 geöffnet, gleichzeitig bleibt der Schalter S_1 leitend. Der eingeprägte Strom der Speicherdrossel kommutiert in den Transformator und erzeugt eine über der Streuinduktivität anliegende Spannung, bis diese den Strom leitet. Nach der Kommutierung fließt der Strom aus der externen Gleichspannungsquelle U in die DBE. Ähnlich den Flyback-Invertern ist der Lampenstrom zu Beginn des Spannungspulses und damit vor der Zündung maximal. Erreicht die Lampe die transformierte Gleichspannung U steht noch die in der aufmagnetisierten Speicherdrossel gespeicherte Energie zur Verfügung und die Lampenspannung steigt auf die Zündspannung. Während und nach der Zündung entlädt sich die Speicherdrossel und der Schalter S_1 wird zum Ende von Entladezeit t_e geöffnet. Die Spannung der Lampe übersteigt die transformierte Gleichspannung, so dass ein Teil der auf C_{DBE} gespeicherten Energie resonant über D_3 in die Gleichspannungsquelle zurückfließen kann. Nach der Totzeit t_t wird der Schalter S_2 erneut leitfähig geschalten. Der Transformator und die Lampe werden kurzgeschlossen und es erfolgt u. U. eine Rückzündung der DBE durch die erneute Spannungsänderung (Liu et al. 2003). Durch die Wartezeit t_w kann die Repetitionsrate unabhängig von der Pulsdauer eingestellt werden. Die Pulsdauer wird durch die Vorlade-, Entlade- und Totzeit und die Resonanzfrequenz bestimmt. Aufgrund der Unabhängigkeit der Pulsform von der Zwischenkreisspannung kann durch Erhöhung der Zwischenkreisspannung die maximale Spannung und die Spannungsanstiegsgeschwindigkeit vergrößert werden.

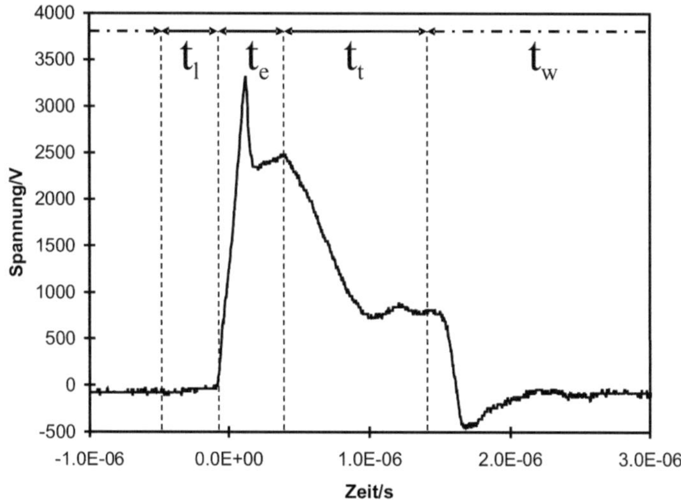

Abbildung 5.4:   Lampenspannung am adaptiven unipolaren Puls-Betriebsgerät für DBE

Detailliert wurde das Betriebsgerät von (Daub 2009) beschrieben. Hierauf wird ausdrücklich verwiesen. Wie zu entnehmen ist, können bei kleinen kapazitiven Lasten Wirkungsgrade > 88 % erreicht werden. Jedoch sinkt der Wirkungsgrad mit der Lampenkapazität, da die Streuinduktivität des Transformators während der Stromkommutierung eine hohe Spannungsänderung erzeugt und der Schalter S_2 unkontrolliert öffnet. Zweites kann nicht die gesamte Energie der Lampe rückgespeist werden. Die Verluste steigen proportional zur Lampenkapazität und quadratisch mit der Lampenspannung zum Ende der Totzeit t_t.

Eine Verkürzung der Pulse mit ausgeprägter Rückzündung zur Homogenisierung der Entladung, wie in Kapitel 6.3.2 beschrieben ist damit nur mit geringem Betriebsgerätwirkungsgrad möglich.

5.1.4   Burst-Wave Betriebsgerät

Eine interessante Kombination aus resonantem Betriebsgerät mit sinusförmiger Ausgangsspannung und gepulstem Betriebsgerät mit spannungsfreien Pausen wird von (Beleznai et al. 2008b) erstmals vorgeschlagen und in (Beleznai et al. 2009) detailliert beschrieben. Die DBE wird mit einer amplitudenmodulierten HF-Sinusanregung kurzzeitig angeregt (Abbildung 5.5). Dabei soll die Ausbildung des Kathodenfalls durch Umpolen der Lampenspannung verhindert werden und die Raumladungszone vor Erreichen der Barrieren gestoppt werden. Für $p_{Xe}d_{Gap}$-Werte im Bereich von $p_{Xe} = 100$ mbar bis $p_{Xe} = 300$ mbar und einer Schlagweite von $d_{Gap} = 8{,}25$ mm liegt die Zeitdauer bis die RLZ die Barrieren erreicht in der Größenordung von 100 ns. Die erforderliche Resonanzfrequenz wurde aus diesem Grunde zu $f = 2{,}5$ MHz gewählt. Die Repetitionsrate beträgt $f = 25$ kHz. Zum Betrieb der DBE wird ein aufschwingender Resonanzkreis angeregt, bis die Zündspannung der DBE erreicht ist. Die DBE zündet unkontrolliert einige Male. Hierbei kann ein Ansammeln der Ladungsträger nicht vermieden werden und die Energiezufuhr in den Resonanzkreis wird nach einigen Zündungen gestoppt. Da die Energie dem Resonanzkreis nur über das Plasma und in ohmschen und magnetischen Verlusten im Betriebsgerät entnommen wird, klingt der Resonanzkreis mit weiteren Zündungen wieder aus.

Vorteil dieses Betriebsgerätes ist der hohe theoretische Plasmawirkungsgrad von bis zu 50 – 60 % bei Leistungsdichten um $P = 40$ mW/cm^2 (Beleznai et al. 2008b). Nachteilig ist, dass die hohe Resonanzfrequenz nur für niederkapazitive DBEs erreicht werden kann, da andernfalls die ohmschen Verluste aufgrund der hohen Ströme den Wirkungsgrad minimieren. Weitergehend wird die Energie des Resonanzkreises nicht zurückgewonnen.

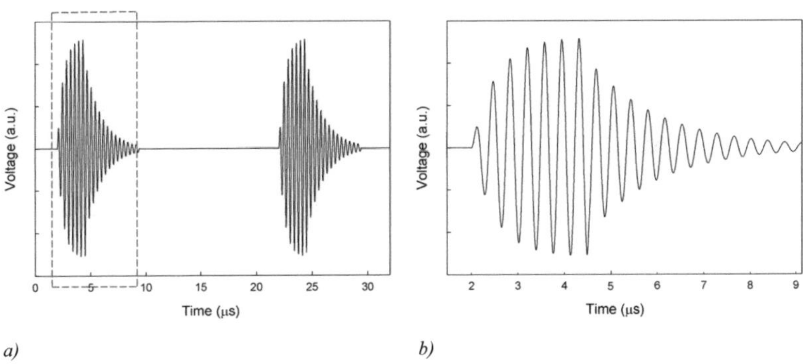

Abbildung 5.5: *Exemplarische amplitudenmodulierten HF-Sinusanregung a) gesamte Periode, b) Ausschnittsvergrößerung. Quelle: (Beleznai et al. 2009)*

5.2 Resonantes Puls-Betriebsgerät

Die Anforderungen an ein Puls-Betriebsgerät für DBE sind der homogene und effiziente Betrieb einer DBE bei gleichzeitig hohem Wirkungsgrad des Betriebsgerätes. Das in dieser Arbeit entwickelte resonante Puls-Betriebsgerät für DBE bietet aufgrund der entwickelten Pulsform eine Möglichkeit zum effizienten Betrieb der dielektrisch behinderten Entladung bei räumlich homogener Entladung. Auf Grund des resonanten Prinzips kann die auf der DBE gespeicherte Energie zurückgewonnen werden und der Wirkungsgrad bleibt auch bei Lampenkapazitäten > 300 pF hoch.

Das Betriebsgerät besteht aus einer Zwischenkreisspannungsquelle U_{DC} mit Halbbrücke, LC-Resonanzkreis und Transformator mit Übersetzungsverhältnis $\ddot{u}$. Die Halbbrücke ist aus zwei 600 V n-Kanal-Feldeffekttransistoren und zwei schnellen SiC-Dioden zur Verringerung der Sperrverzugszeit der Bodydioden aufgebaut. Den LC-Resonanzkreis bilden die Kapazitäten C_{DC}, die Lampenkapazität C_{DBE} mit der Drossel L und der Streuinduktivität des Transformators L_{streu}. Der vereinfachte Schaltplan ist in Abbildung 5.6 dargestellt.

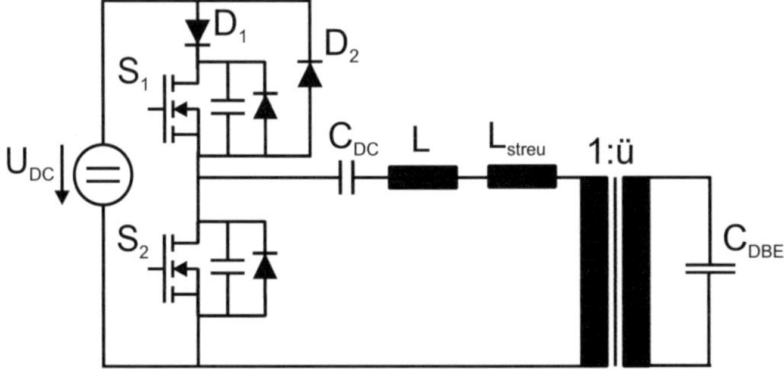

Abbildung 5.6:   Schaltplan resonantes Puls-Betriebsgerät für DBE bestehend aus einer Zwischenkreisspannungsquelle U_{DC} mit Halbbrücke und LC-Resonanzkreis mit Transformator.

Eine Gleichspannungsquelle oder ein Power-Factor-Corrector (PFC) stellt die Zwischenkreisspannung zur Verfügung. Der PFC sichert gleichzeitig die sinusförmige Netz-Stromentnahme. Angesteuert wird das Puls-Betriebsgerät von einem TTL-Generator Typ 9524 der Fa. Quantum Composers. Demonstrationsvarianten des resonanten Puls-Betriebsgerät werden von einem Mikrocontroller der Fa. ATMEL Typ AT90PWM3B gesteuert (Perner 2008). Aufgrund des Umfangs der Arbeit wurde auf die Implementierung von Regelfunktionen in den Mikrocontroller verzichtet.

Der erzeugte HV-Puls besteht aus einer Periode einer hochfrequenten Sinusschwingung, wobei die Lampe idealerweise in der positiven Halbschwingung zündet und in der negativen Halbschwingung rückzündet. Nach dem Ende der Sinusschwingung (Abbildung 5.7a)) wird die meiste im Resonanzkreis verbleibende Energie in den Zwischenkreis zurückgespeist. Die restliche Energie erzeugt zusammen mit der Hauptinduktivität M des Transformators eine parasitäre niederfrequente Schwingung zwischen den HV-Pulsen (Abbildung 5.7b)).

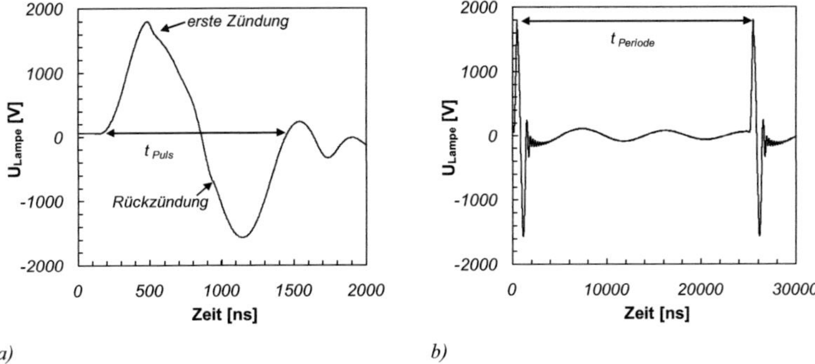

a)   b)

*Abbildung 5.7: Typischer Spannungsverlauf des resonanten Puls-Betriebsgeräts für DBE
a) Pulsphase b) gesamte Periode*

In dem erweiterten Ersatzschaltbild des LC-Resonanzkreises in Abbildung 5.8 liegt parallel zur Hauptinduktivität des Transformators die transformierte sekundäre Streuinduktivität L_{S2} in Serie zur transformierten Lampenkapazität C_{DBE}. Der Leitwert der Serienschaltung von $\ddot{u}^{-2}L_{S2}$ und $\ddot{u}^{2}C_{DBE}$ ist für den kurzen Pulsbetrieb höher als der Leitwert der Hauptinduktivität mit $M > 10$ mH. Fast der gesamte Strom fließt durch $\ddot{u}^{-2}L_{S2}$ und $\ddot{u}^{2}C_{DBE}$. Infolge kann M bei der Berechnung der Resonanzfrequenz vernachlässigt werden.

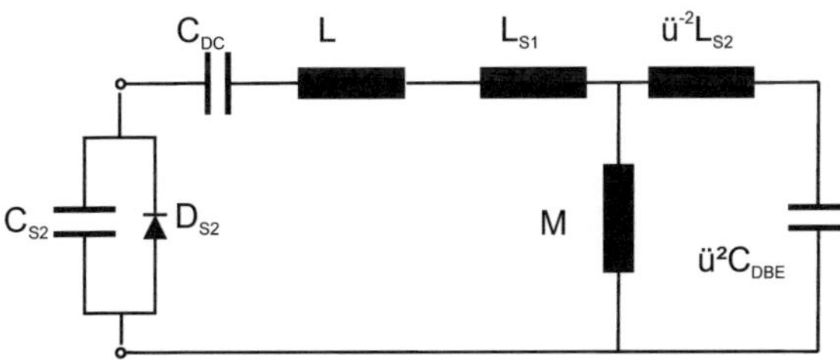

*Abbildung 5.8: Detaillierter Resonanzschwingkreis mit induktiven und kapazitiven Elementen des
Resonanzkreises (C_{DC}, L), Ausgangskapazität des Transistors C_{S2} und Bodydiode
D_{S2}, DBE und Transformator, welcher als verlustfrei angenommen wird.*

Die Trennkapazität C_{DC} ist um mindestens drei Größenordnungen größer als die Lampenkapazität C_{DBE}. C_{DC} liegt im Versuchsaufbau dieser Arbeit im µF-Bereich, C_{DBE} bei etwa 0,1 bis 3 nF. Somit kann C_{DC} ebenfalls für die Berechnung der Resonanzfrequenz vernachlässigt werden.

Die für den HV-Puls maßgeblichen Elemente des Resonanzkreises sind die Induktivität der Speicherdrossel L, die Streuinduktivität der Primärseite des Transformators L_{S1}, die von der Sekundärseite des Transformators auf die Primärseite transformierte Streuinduktivität $ü^{-2}L_{S2}$ und die auf die Primärseite transformierte Kapazität der DBE-Lampe $ü^2C_{DBE}$. Die primärseitige Streuinduktivität L_{S1} und die transformierte Streuinduktivität $ü^{-2}L_{S2}$ können zur Streuinduktivität L_{streu} zusammengefasst werden.

$$L_{streu} = L_{S1} + ü^{-2}L_{S1} \tag{5.1}$$

Die Resonanzfrequenz f_{res} bestimmt die Pulslänge t_{Puls} über die Induktivität L, Streuinduktivität L_{streu}, das Übersetzungsverhältnis $ü$ des Transformators, die Lampenkapazität C_{DBE} und einen optionalen Parallel-Kondensator C_p.

$$t_{Puls} \cong \frac{1}{f_{res}} = 2\pi ü \sqrt{(L + L_{streu})(C_{DBE} + C_p)} \tag{5.2}$$

Die Repetitionsrate kann, bei fester Resonanzfrequenz, unabhängig von der Pulslänge variiert werden. Die Pulslänge wird in dieser Arbeit, sofern nicht anders angegeben, als Periodenlänge der ersten hochfrequenten Schwingung definiert.

Im Betrieb des resonanten Puls-Betriebsgeräts werden die zwei Leistungshalbleiter sequentiell geschaltet. Im Gegensatz zu einem Sinus-Betriebsgerät ist der duty-cycle $DC \ll 100\%$, um das nötige Puls-Pausenverhältnis zu sichern. Der Resonanzkreis wird auf eine Frequenz $f \cong 1$ MHz ausgelegt. Bei typischer Repetitionsrate $f = 40$ kHz beträgt das Puls-Pausenverhältnis somit ca. 2 %. Eine schematische Darstellung der leitenden Phasen der Transistoren kann Abbildung 5.9 entnommen werden.

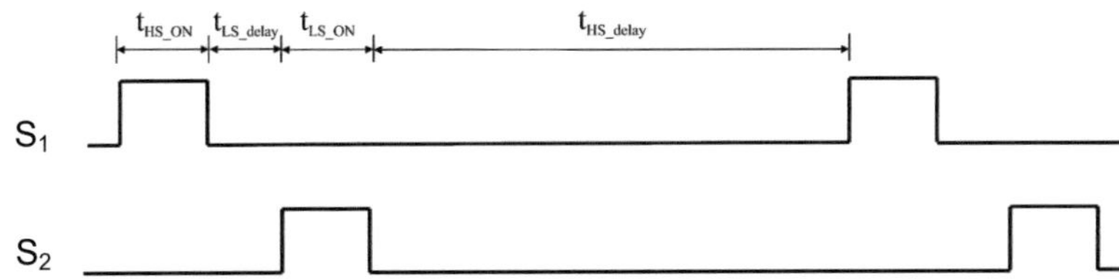

Abbildung 5.9:   Ansteuermuster einer Halbbrücke für den gepulsten Betrieb. Quelle: (Perner 2008)

Zu Beginn einer Periode wird der Schalter S_1 in den leitenden Zustand gesetzt (t_{HS_ON}). Über S_1 wird die Drossel aufmagnetisiert und die Lampenspannung steigt auf die transformierte Zwischenkreisspannung (Abbildung 5.10a)). Der Strom erreicht sein Maximum und die in der Drossel gespeicherte Energie wird der Lampe zugeführt. Die Lampenspannung steigt weiter an und erreicht die Zündspannung. Zündet die Lampe nicht und ist zuvor alle Energie dem Resonanzkreis entzogen worden, liegt im theoretischen Fall eine doppelt so große Spannung über der Lampe wie die transformierte Zwischenkreisspannung U_{DC} an. Kurz vor oder mit Erreichen der maximalen Spannung wird S_1 nichtleitend geschaltet. Anschließend entlädt die Drossel und die Streuinduktivität des Transformators die Lampe resonant.

Nach Ende der Sperrverzugszeiten der SIC-Diode D_1 und der Abschaltzeit des Transistors, wird Transistor S_2 leitend geschaltet (t_{LS_delay}). Damit liegt über der Drossel maximal die zweifache Zwischenkreisspannung in negativer Richtung. Der Resonanzkreis schwingt weiter auf und leitet durch die negative Lampenspannung die Rückzündung ein (Abbildung 5.10b)). Der Transistor S_2 bleibt leitend, bis der Drosselstrom umschwingt (t_{LS_ON}). Die Energie des Resonanzkreises wird in der dritten Halbschwingung erneut auf der Lampe gespeichert. In diesem Zustand bildet die Lampenkapazität, die Drossel, S_2, D_2 und U_{DC} einen Hochsetzsteller (Abbildung 5.10c)). Der Transistor S_2 wird im Idealfall im Strommaximum nichtleitend und die Energie im Resonanzkreis wird in die Gleichspannungsquelle zurückgespeist. Wird nicht die gesamte Energie zurückgespeist, schwingt der Resonanzkreis nach dem Rückspeisen aus (Abbildung 5.10d)). Am Ende der Wartezeit t_{HS_delay} beginnt die die nächste Anregung.

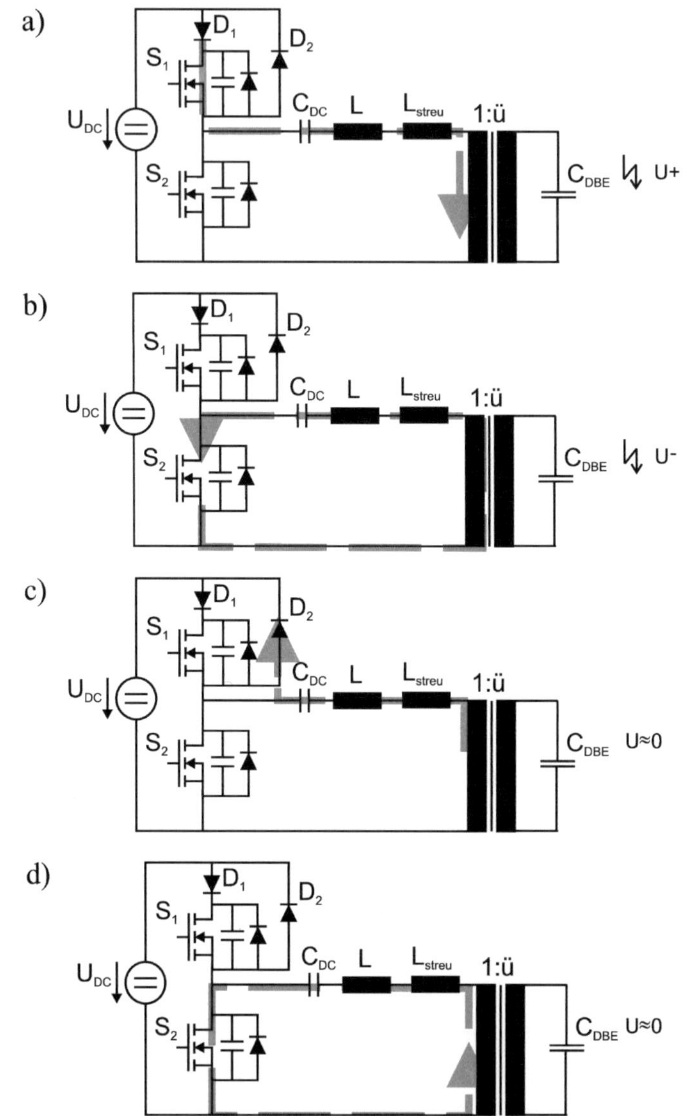

Abbildung 5.10: Schaltphasen des resonanten Pulsbetriebsgerätes a) S_1 ist leitend und die DBE wird geladen (erste Zündung) b) S_2 ist leitend, die DBE wird umgepolt und die Rückzündung erfolgt c) S_2 ist sperrend und die Energie der aufmagnetisierten Drossel wird in den Zwischenkreis zurückgespeist d) Resonanzkreis schwingt aus

Durch die Kombination von sinusförmigem Pulsen und der Energierückspeisung über den integrierten Hochsetzsteller kann auch bei großer Lampenkapazität ein hoher Betriebsgeräte-Wirkungsgrad erreicht werden. Die Pulsform wurde dabei so gewählt, dass folgende Punkte erfüllt sind:

- Der maximale Strom wird während oder kurz vor der Zündung der Lampe bereitgestellt. Eine Homogenisierung wie in Kapitel 6.3 beschrieben wird unterstützt.

- Nach der ersten Zündung wird durch die negative Halbschwingung eine Rückzündung eingeleitet. Die Rückzündung fördert die Homogenität der Entladung (vgl. Kapitel 6.3.2).

- Die Pulsbreite kann auch bei großen Lampenkapazitäten durch eine kleine Drossel verkürzt werden. Hierdurch können die Verluste in der Glimmphase minimiert werden. Die Auswirkung der Pulsdauer auf die Lampeneffizienz wird ausführlich in Kapitel 6.5.1 diskutiert.

Aufgrund des resonanten Prinzips steigt die Pulsdauer nach Gleichung (5.2) wenn die Lampenkapazität erhöht wird oder ein höherer Spannungsbedarf der Lampe ein höheres Übersetzungsverhältnis erfordert. Dies kann durch Verringerung der Drossel kompensiert werden, wobei hierbei die Leitendverluste der Transistoren und die Drossel- und Transformator-Verluste zunehmen und der Betriebsgeräte-Wirkungsgrad sinkt. Dies wird in Kapitel 6.4 gezeigt.

5.3   Betrieb mit Parallel-Kondensator

Durch den hochfrequenten, gepulsten Betrieb einer DBE muss diese mit einer elektromagnetischen Abschirmung versehen sein. Diese Abschirmung bildet einen Kondensator parallel zur Lampe, welcher vom Betriebsgerät geladen werden muss. Der Parallel-Kondensator besitzt für den Moment der Zündung Spannungsquellencharakteristik und kann einen Teil der zum homogenen Betrieb der DBE nötigen Stromdichte liefern. Die Auswirkung und Größe des Parallel-Kondensators werden im Folgenden analytisch berechnet und zusammen mit der Stromquellencharakteristik der verwendeten drosseldominierten Betriebsgeräte diskutiert. Hierzu dient einleitend ein Vergleich der kleinen Laborlampe mit der Flachlampe »Planilum« an dem adaptiven Betriebsgerät.

Im Betrieb zündet die DBE bei Erreichen der dynamischen Zündspannung über dem Gasraum. Die Zündspannung ist dabei, wie eingangs diskutiert, eine Funktion des Produktes aus Xenonpartialdruck p_{Xe} und Schlagweite des Gasraums d_{Gap}, der Frequenz und der Anregungsform (sinusförmige oder gepulste Anregung). Wie exemplarisch in Abbildung 5.11 für den gepulsten Betrieb der »Planilum« ($A = 0{,}2$ m^2) gezeigt, zündet die DBE bei $u_{zünd} = u_{Gap} = 1100$ V und die Gapspannung sinkt auf die Brennspannung $u_{Gap} = 400$ V. Gleichzeitig sinkt die Lampenspannung $u_{Lampe} = 2200$ V auf $u_{Lampe} = 1800$ V, steigt aber anschließend aufgrund des transformierten Drosselstroms erneut an.

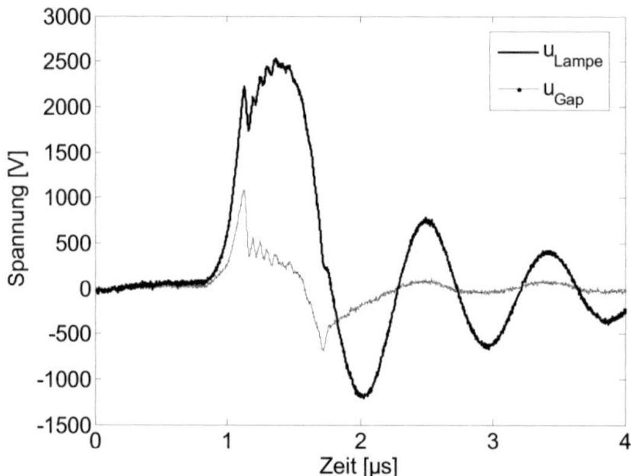

Abbildung 5.11: Lampenspannung u_{Lampe} und interne Gapspannung u_{Gap} für eine unipolar gepulste DBE. Nach erreichen der dynamischen Zündspannung fällt die Gapspannung auf die Brennspannung der Lampe ($p_{Xe} = 125$ mbar, $f = 30$ kHz).

Die Stromdichte der Flachlampe ist in Abbildung 5.12a) dargestellt. Die Spitzenstromdichte der Zündung beträgt $\hat{\imath}_{Lampe} = 14$ mA/cm^2 für die »Planilum«. Sie wird durch eine vergleichsweise große Blindstromdichte vor der Zündung mit $i_{Lampe} = 12$ mA/cm^2 von der Drossel geliefert. Zum Vergleich wird an der kleineren Laborlampe eine Spitzenstromdichte $\hat{\imath}_{Lampe} = 12$ mA/cm^2 (Abbildung 5.12b)) mit einer geringeren Blindstromdichte $i_{Lampe} = 6$ mA/cm^2 erreicht. Durch die kleine Lampenfläche und den parallelen Messkondensator C_{Koppel} kann für die Laborlampe ein ausgeprägterer Spitzenstrom zur Zündung bereitgestellt werden, der von der Drossel allein nicht geliefert werden kann.

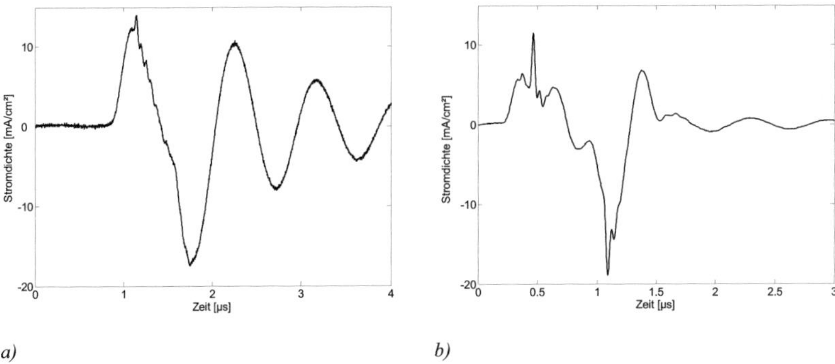

Abbildung 5.12: a) Stromdichte i_{Lampe} für die »Planilum« mit einer aktiven Fläche $A = 0,2\ m^2$ ($p_{Xe} = 125\ mbar$, $f = 30\ kHz$) und b.) Stromdichte i_{Lampe} für die Laborlampe ($p_{Xe} = 150\ mbar$). Ausgeprägter Spitzenstrom während der Zündung der Laborlampe, minimaler Spitzenstrom während der Zündung der Planilum durch die Stromlimitierung der Betriebsgeräte-Drossel.

Der Vergleich von Abbildung 5.12a) und Abbildung 5.12b) zeigt den Einfluss des Vorschaltgerätes auf den Entladungsstrom. Basierend auf der in dieser Arbeit gezeigten hohen Schwellenstromdichte für homogene Entladungen wird die Bereitstellung eines hinreichend großen Stroms während der Zündung analytisch beschrieben.

Zündet die DBE, so sinkt die Lampenspannung innerhalb $t_{Entladung} = 50\ ns$ bis $t_{Entladung} = 100\ ns$ ab. Dieser Spannungseinbruch Δu_{Lampe} vergrößert, bei einer konstanten Zwischenkreisspannung, primärseitig des Transformators die Drosselspannung $u_{Drossel}$. Der Drosselstrom i_L ist das zeitliche Integral der Spannung $u_{Drossel}$ dividiert durch die Drosselinduktivität L.

$$i_L(t) = \frac{1}{L} \int u_{Drossel}(t)\ dt \tag{5.3}$$

Durch die Integration sind die Stromänderung und der Spitzenstrom der Drossel jedoch gering. Die Entladung kann nicht mit einem großen Strom unterstützt werden und neigt zur Filamentierung.

Dieses Verhalten kann grundlegend durch einen Parallel-Kondensator C_p geändert werden. Wird Energie in C_p parallel zur Lampe gespeichert, so fließt nach Gleichung (5.4) ein Strom i_C während des Spannungseinbruchs aus C_p in die DBE.

$$i_C(t) = C_P \frac{du_{Lampe}}{dt} \tag{5.4}$$

Durch den großen Spannungseinbruch im Bereich mehrerer hundert Volt und der Ableitung nach der Spannung kann im Gegensatz zur Drossel ein Spitzenstrom für die Entladung bereitgestellt werden. Daraus resultieren eine homogenisierende Wirkung und eine erhöhte Leistungseinkopplung bei unveränderter Repetitionsrate der DBE. Dem Plasma steht während der Zündung Strom aus drei verschiedenen Quellen zur Verfügung:

1. Blindstrom durch die Spannungsänderung über C_{Gap} (i_{blind})
2. Strom aus dem Betriebsgerät in die Lampe (i_{EVG})
3. Strom aus dem Parallel-Kondensator C_p (i_C)

Die in das Plasma fließende Ladung kann als zeitliche Integrale der in die Entladung fließenden Ströme beschrieben werden. Es gilt:

$$Q_{Gap} = \int\limits_{t}^{t+t_{Entladung}} i_b \, dt \tag{5.5}$$

$$Q_{EVG} = \int\limits_{t}^{t+t_{Entladung}} i_{EVG} \, dt \tag{5.6}$$

$$Q_{Cp} = \int\limits_{t}^{t+t_{Entladung}} i_C \, dt \tag{5.7}$$

Die Plasmaladung Q_{Plasma} ist die Summe aus Q_{Gap}, Q_{EVG} und Q_{Cp}.

$$Q_{Plasma} = Q_{Gap} + Q_{EVG} + Q_{Cp} \tag{5.8}$$

Q_{Gap} ist gleichzeitig die Ladung durch die Spannungsänderung Δu_{Gap} multipliziert mit C_{Gap}. Analog ist Q_{Cp} die Kapazität des Parallel-Kondensator C_p multipliziert mit der Spannungsänderung Δu_{Lampe}. Somit kann Gleichung (5.8) wie folgt geschrieben werden:

$$Q_{Plasma} = \Delta u_{Gap} C_{Gap} + \int\limits_{t}^{t+t_{Entladung}} i_{EVG} \, dt + \Delta u_{Lampe} C_p \tag{5.9}$$

Verhält sich das Betriebsgerät wie eine ideale Spannungsquelle, so ist der Strom im Moment der Zündung nicht limitiert und die Lampenspannung bleibt konstant. In diesem Fall kann ein Parallel-Kondensator keine zusätzliche

Energie liefern. Verhält sich das Betriebsgerät jedoch wie eine ideale Stromquelle, so ist der Strom limitiert, im Extremfall sogar null, wenn gerade die nötige dynamische Zündspannung erreicht wird. Die Lampenspannung bricht ein und aufgrund der Spannungsänderung kann ein Strom aus C_p in die DBE fließen. Anhand des Ladungstransfers kann der Strom während der Zündung mit einer Fallunterscheidung beschrieben werden. Weiter kann der Einfluss der Barrierendicke $d_{Barriere}$ berücksichtigt und eine Mindestgröße für C_p bestimmt werden. Hierfür wird unterschieden in:

    i.   Zündung an idealer Spannungsquelle
    ii.   Zündung mit vernachlässigbarem Betriebsgeräte-Strom
    iii. Zündung mit Betriebsgeräte-Strom

i. Zündung an idealer Spannungsquelle
Mit konstanter Lampenspannung fließt keine Ladung aus C_p und die nötige Ladung muss durch das Betriebsgerät und die Spannungsänderung Δu_{Gap} bereitgestellt werden.

$$\Delta u_{Lampe} \overset{!}{=} 0 \Rightarrow Q_{Cp} = 0 \tag{5.10}$$

Die Spannungsänderung Δu_{Gap} ist maximal, wenn die Brennspannung der Lampe gegen null geht. Diese Vereinfachung wird im Folgenden als Grenzfall der umgesetzten Ladung gewählt. Es folgt:

$$\Delta u_{Gap} \overset{!}{=} u_{zünd} - 0 = u_{zünd} \tag{5.11}$$

Mit einer konstanten Lampenspannung erfolgt eine Spannungsänderung über $C_{Barriere}$ durch die Spannungsänderung Δu_{Gap}:

$$\Delta u_{Barriere} = u_{Lampe} - \Delta u_{Gap} = u_{Lampe} - u_{zünd} \tag{5.12}$$

Gleichzeitig führt die zeitliche Integration des Stroms i_{EVG} während der Entladungsdauer $t_{Entladung}$ zu einem Spannungsanstieg über $C_{Barriere}$:

$$\Delta u_{Barriere} C_{Barriere} = \int_{t}^{t+t_{Entladung}} i_{EVG}\ dt \tag{5.13}$$

Werden die Gleichungen (5.9) bis (5.13) zusammenfassend, so wird die in das Plasma fließende Ladung beschrieben durch:

$$Q_{Plasma} = u_{zünd} C_{Gap} + \left(u_{Lampe} - u_{zünd}\right) C_{Barriere} \tag{5.14}$$

Die Zündspannung des Plasmas kann anhand eines kapazitiven Spannungsteilers aus C_{Gap} und $C_{Barriere}$ und der Spannung $u_{Lampe}(t = t_{zünd})$ im Moment der Zündung berechnet werden:

$$u_{zünd} = \frac{C_{Barriere}}{C_{Gap} + C_{Barriere}} \, u_{Lampe}(t = t_{zünd}) \tag{5.15}$$

Womit aus Gleichung (5.14) folgt:

$$Q_{Plasma} = 2 \frac{C_{Gap} C_{Barriere}}{C_{Gap} + C_{Barriere}} u_{Lampe}(t = t_{zünd}) \tag{5.16}$$

Der Bruchterm ist die Lampenkapazität C_{DBE} und Gleichung (5.16) kann vereinfacht werden zu:

$$Q_{Plasma} = 2 C_{DBE} u_{Lampe}(t = t_{zünd}) = \frac{2 \, u_{Lampe}(t = t_{zünd})}{\dfrac{1}{C_{Gap}} + \dfrac{1}{C_{Barriere}}} \tag{5.17}$$

Gleichung (5.17) zeigt folgendes:

1. Mit einer konstanten Lampenspannung im Moment der Zündung ist das Maximum der in der Lampe umgesetzten Ladung das Doppelte der Lampenkapazität C_{DBE} multipliziert mit der äußeren Zündspannung.
2. Die umgesetzte Ladung kann durch eine Vergrößerung von $C_{Barriere}$ erhöht werden, was einer Reduktion der Barrierendicke entspricht. Hieraus wird abgeleitet, dass die Barriere möglichst dünn sein sollte.
3. Die umgesetzte Ladung steigt mit der Lampenspannung im Moment der Zündung.

ii. Zündung mit vernachlässigbarem Betriebsgeräte-Strom
Der Extremfall der Zündung einer DBE an einer drosseldominierten Stromquelle ist das geradige Erreichen der dynamischen Zündspannung. Die gesamte Drosselenergie ist in die Lampe transferiert und der Betriebsgeräte-Strom ist null. Dieser Spezialfall wird ebenfalls analytisch berechnet.
Die Energie für die Zündung muss aus den Spannungsänderungen über C_p und C_{Gap} kommen. Um das ideale Verhältnis von C_p und $C_{Barriere}$ zu berechnen muss Gleichung (5.15) umgeformt und in Gleichung (5.17) eingesetzt werden. Es

zeigt sich, dass die maximale einkoppelbare Ladung ebenfalls von der Gapkapazität C_{Gap} und der inneren Zündspannung $u_{zünd}$ abhängt.

$$Q_{Plasma} = 2C_{DBE}u_{Lampe}(t = t_{zünd}) = 2C_{Gap}u_{zünd} \tag{5.18}$$

Gleichung (5.18) zeigt weiter, dass die Hälfte der Ladung bereits in der DBE durch die Spannung über dem Gasraum gespeichert ist. Die andere Hälfte der Ladung kann von außen in die Lampe eingebracht werden und dabei als Verschiebungsstrom durch $C_{Barriere}$ fließen. Es gilt:

$$\frac{1}{2}Q_{Plasma} = C_{Gap}u_{zünd} = C_{Barriere}\Delta u_{Barriere} \tag{5.19}$$

Da der Betriebsgeräte-Strom gleich null gesetzt wurde, muss die Ladung aus der Spannungsänderung über C_p kommen und dies kann ausgedrückt werden als:

$$\frac{1}{2}Q_{Plasma} = C_p\Delta u_{Lampe} = \Delta Q_{Cp} \tag{5.20}$$

Die Spannungsänderung Δu_{Lampe} ist die Differenz aus Spannungsabfall über dem Gasraum und dem Spannungsanstieg der Barrierenspannung. Somit kann Gleichung (5.20) auch geschrieben werden als:

$$\Delta Q_{Cp} = C_p\left(\Delta u_{Gap} - \Delta u_{Barriere}\frac{C_{Gap}}{C_{Barriere}}\right) \tag{5.21}$$

Und mit (5.19) vereinfacht werden zu:

$$C_p = \frac{C_{Gap}}{1 - \dfrac{C_{Gap}}{C_{Barriere}}} \tag{5.22}$$

Aus Gleichung (5.22) folgt:

1. Um einen Strom aus C_p liefern zu können muss $C_{Barriere}$ größer als C_{Gap} sein. Andernfalls überwiegt der Spannungsanstieg über $C_{Barriere}$ den Spannungsabfall über C_{Gap} während der Zündung.
2. Die minimale, wirksame Größe des Kondensators C_p ist die Kapazität von C_{Gap}.
3. $C_{Barriere}$ sollte so groß wie möglich sein, um C_p so gering wie möglich zu halten.

iii. Zündung mit Betriebsgeräte-Strom

Im realen Fall ist während der Zündung der Drosselstrom noch nicht auf null abgefallen, d.h. die DBE zündet vor Erreichen der maximalen Spannung, die sich ohne Zündung ausbilden würde. Vorausgesetzt, dass die Lampenspannung während der Zündung fällt, kann der benötigte Parallel-Kondensator für einen bekannten Betriebsgeräte-Strom berechnet werden. Hierzu muss die Ladung Q_{Plasma} durch die Ladungsänderung des Kondensators C_{Gap}, des Kondensators C_p und dem Strom des EVGs während der Zündung bereitgestellt werden. Die Größe des Parallel-Kondensators kann berechnet werden, wenn Q_{Plasma} über die Entladungsdauer und die Schwellenstromdichte bestimmt ist.

Aus Gleichung (5.19) geht hervor, dass bereits die Hälfte der Ladung durch den Spannungseinbruch über C_{Gap} zur Verfügung gestellt wird. Damit muss lediglich der Betriebsgeräte-Strom und die Entladungsdauer $t_{Entladung}$ experimentell ermittelt werden. Die zur Verfügung gestellte Ladung beträgt dann:

$$Q_{EVG} = \int\limits_{t}^{t+t_{Entladung}} i_{EVG}\ dt \tag{5.23}$$

Mit Gleichungen (5.9), (5.11) und (5.19) kann Gleichung (5.23) zusammengefasst und nach C_p aufgelöst werden:

$$C_p = \frac{\dfrac{1}{2}Q_{Plasma} - \int\limits_{t}^{t+t_{Entladung}} i_{EVG}\ dt}{\Delta u_{Lampe}} \tag{5.24}$$

Zusammenfassend kann mit einem Parallel-Kondensator die für die homogene Entladung benötigte Stromdichte bereitgestellt werden. Der Parallel-Kondensator liefert den Strom im Moment der Zündung. Zum Vergleich kann ein Betriebsgerät mit drosseldominiertem Stromquellencharakter die Stromdichte nur insgesamt erhöhen. Damit steigt auch die Stromdichte nach der Zündung und die DBE verliert aufgrund der Glimmverluste an Effizienz. Sinnvoll ist folglich eine Anpassung von C_p, um die Effizienz der DBE nicht durch Verluste in der Glimmphase aufgrund eines großen eingeprägten Stroms zu verringern.

6 Experimentelle Untersuchungen

Ziel der Entwicklung des resonanten Puls-Betriebsgerätes ist der Betrieb einer DBE mit Parallel-Kondensator bei hohem Wirkungsgrad η_{EVG}. Das Funktionsprinzip, der Wirkungsgrad und die Verluste des resonanten Puls-Betriebsgerätes werden in Kapitel 6.1 diskutiert.

Im Rahmen dieser Arbeit wird in Kapitel 6.2 die Xenon-Excimer-Emission im VUV untersucht und das Emissionsspektrum in die relativen Anteile der Resonanzstrahlung, des ersten und zweiten Excimerkontinuums aufgeteilt. Diese Untersuchung wurde nötig, da die bisherigen Veröffentlichungen wie (Gellert et al. 1991), (Liu et al. 2003) und (Jinno et al. 2005) die Reabsorption der Xenon-Resonanzstrahlung nicht berücksichtigen konnten.

Der Hauptteil dieses Kapitels ist die Pulsform für eine homogene Entladung. In Kapitel 6.3 wird die homogene Entladung für die zwei verwendeten Vorschaltgerätetopologien untersucht. Es wird gezeigt, dass die gezündete Fläche linear mit der Stromdichte korreliert und eine Schwellenstromdichte für homogene Entladungen definiert. Die Schwellenstromdichte für eine homogene Entladung muss vom Betriebsgerät oder einem Parallel-Kondensator bereitgestellt werden. Weitergehend wird die Abhängigkeit der Schwellenstromdichte vom Xenondruck und der Rückzündung der DBE gezeigt.

Durch die erstmalig gefundene Abhängigkeit der gezündeten Fläche von der Stromdichte kann das Ladungstransportmodell auf filamentierte und gemusterte Entladungen erweitert werden. Diese Erweiterung wird in 6.4 beschrieben. Das erweiterte Ladungstransportmodell kann die Repetitionsrate- und Druckabhängigkeit der Entladung beschreiben und das Zündverhalten erklären (nachfolgend in Kapitel 7.2).

Abschließend wird die Zündphase und Glimmphase im gepulsten Betrieb einer Xenon-Excimer-DBE experimentell durch Variation der Pulslänge und Vergleich mit einer sinusförmigen Anregung untersucht. Die Energie wird in die der Zündphase und die der Glimmphase nach der Zündung aufgeteilt und hieraus Kriterien für den homogenen und effizienten Betrieb einer DBE abgeleitet (Kapitel 6.5).

6.1   Effizienz des resonanten Puls-Betriebsgerätes

Das resonante Puls-Betriebsgerät (Abbildung 5.6) beinhaltet zwei n-Kanal-Feldeffekttransistoren des Typs Infineon SPW35N60, eine Blockdiode D_1 und eine Bypassdiode D_2 (beide CSD20060 von CREE). Zum Erreichen einer Zündung kurz nach dem Strommaximum wurde das Übersetzungsverhältnis des Transformators (ETD39, N87) zu $ü = 4{,}5$ gewählt. Die maximale Spannung im ungezündeten Fall beträgt ungefähr das 1,5-fache der dynamischen Zündspannung. Die Drossel[1] (RM15, N87) hat eine Induktivität $L = 2{,}71\ \mu H$. An dem Betriebsgerät wird die Flachlampe »Planilum« mit aktiver Fläche $A_{aktiv} = 0{,}2\ m^2$ und einem Xenondruck von $p_{Xe} = 125$ mbar betrieben. Die Kapazität der DBE beträgt $C_{DBE} = 770$ pF. Das Betriebsgerät wird mit einer typischen Gleichspannung $U_{DC} = 400$ V versorgt.

Abbildung 6.1 zeigt die Lampenspannung u_{Lampe} und den Lampenstrom i_{Lampe} über der Zeit bei einer Repetitionsrate $f = 40$ kHz. Die Lampe zündet beim Erreichen der dynamischen Zündspannung in der positiven Halbschwingung zum Zeitpunkt $t = 1{,}5\ \mu s$ mit einem Lampenstrom $i_{Lampe} = 3{,}5$ A (erste Zündung). Die Rückzündung der Lampe in der negativen Halbschwingung ist am Lampenstrom und der Lampenspannung nicht sichtbar, wurde jedoch mit zeitaufgelösten Messungen im NIR detektiert.

Der Resonanzkreis schwingt in der ersten und zweiten Halbschwingung auf. Die dritte Halbschwingung zeigt eine abklingende Schwingung, da dem Resonanzkreis durch die Lampenzündungen bereits zweifach Energie entzogen wird. In der dritten Halbschwingung muss die Lampenkapazität erneut geladen werden, um die gespeicherte Energie über die Drossel und die Bypassdiode D_2 in den Zwischenkreis zurückzuspeisen.

---

[1] Die Optimierung der induktiven Bauteile wurde nicht vorgenommen, da die Bauteile der vorhergehenden Arbeit (Daub 2009) entnommen wurden. Eine weitere Optimierung fand nachfolgend im Rahmen des Industrieprojektes mit Saint Gobain Glass France statt.

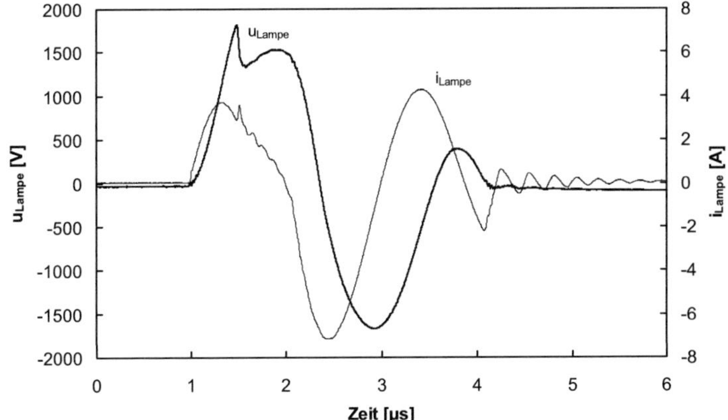

Abbildung 6.1:   Lampenspannung und Lampenstrom über der Zeit. A_{akitv} = 0,2 m². p_{Xe} = 125 mbar, f = 40 kHz

Nach dem Ende der Sperrverzugszeit wird die Bodydiode des Transistors S_2 bei $t = 4{,}1$ µs nichtleitend und der trafoseitig primäre Strom im Betriebsgerät kommutiert von S_2 über D_2 in den Zwischenkreis (effektives Ausschalten von S_2 in Abbildung 6.2). Im Moment der Stromkommutierung steigt die Spannung an dem unteren Transistor S_2 auf die Zwischenkreisspannung plus der Vorwärtsspannung der Diode D_2 an, siehe hierzu Abbildung 6.2. Anschließend schwingt der Resonanzkreis kurzfristig hochfrequent, wobei die Bodydiode des Transistors S_2 wieder leitfähig wird. Die Spannung über S_2 stiegt innerhalb weniger Perioden auf konstant $u_{S2} > 0$ V an und die Bodydiode bleibt nichtleitend. Es ist ersichtlich, dass nicht die gesamte Energie aus dem Resonanzkreis entnommen werden kann, da die Ausgangskapazität des Transistors S_2 auf die Zwischenkreisspannung plus der Vorwärtsspannung der Diode D_2 geladen werden muss. Die verbleibende Energie erzeugt mit der Ausgangskapazität und der Hauptinduktivität des Transformators eine niederfrequente Schwingung, wie in Kapitel 5.2 beschrieben. Die über S_2 verbleibende Spannung, hier $u_{S2} = 120$ V, liegt im Moment des Einschaltens von S_1 sowohl über S_2 als auch am Transformator an, weshalb die maximale resonante Spannungsüberhöhung um die doppelte (verbleibende) Spannung u_{S2} reduziert wird.

In Abbildung 6.2 dargestellt sind weiter die Ströme i_{S1} durch den Transistor S_1, der Lampenstrom i_{Lampe} und der Strom i_{S2}. Zur besseren Vergleichbarkeit ist der

Lampenstrom mit dem Übersetzungsverhältnis des Transformators gewichtet und der Strom i_{S2} negiert dargestellt. Der Spitzenstrom $\hat{\imath}_{Lampe}$ zum Zündzeitpunkt wird von der Drossel nicht geliefert, sondern von der sekundärseitigen Ausgangskapazität des Transformators zur Verfügung gestellt (vgl. Gleichung (5.3) und (5.4)).

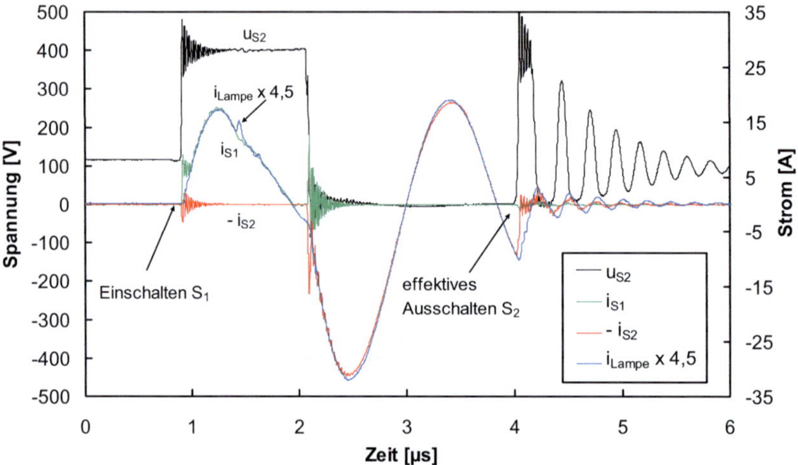

Abbildung 6.2:   Transistorspannung u_{S2}, Strom i_{S1} durch den Transistor S_1, Lampenstrom i_{Lampe} und Strom i_{S2}. Zur besseren Vergleichbarkeit ist der Lampenstrom mit dem Übersetzungsverhältnis des Transformators gewichtet und der Strom i_{S2} durch den Transistor S_2 negiert dargestellt. Betriebsparameter in Abbildung 6.1

Der LC-Resonanzkreis kann ohne weitere Komponenten als Entladungskreis (»snubber circuit«) zur Schaltentlastung benutzt werden. An keinem Transistor wird ein paralleler Kondensator benötigt. Das Einschalten von S_1 zum Pulsbeginn erfolgt unter ZCS, da die Drossel L den Strom limitiert und die Ausgangskapazität von S_2 klein ist. An dem Schalter S_1 fallen somit näherungsweise keine Einschaltverluste ab. Das Ausschalten von S_1 unter ZCS wird erreicht, wenn der Stromnulldurchgang exakt detektiert wird oder nachdem der Strom umgepolt ist.

Durch optimale Dimensionierung der induktiven Bauteile, niederohmige Transistoren und resonantes Schalten werden geringe Verluste im Betriebsgerät ermöglicht. Für den oben beschrieben Puls wird eine Lampenleistung von $P_{Lampe} = 130\ \text{W}$ erreicht. Die Eingangsleistung des Betriebsgerätes beträgt

P_{EVG} = 149 W und der Wirkungsgrad n_{EVG} = 87 %. Die Verluste im Betriebsgerätes verteilen sich auf den Transistor S_1 mit P_{S1} = 2,9 W, den Transistor S_2 mit P_{S2} = 8,7 W und die induktiven Bauelemente mit P_{ind} = 6,9 W. Die Verluste des Transistors S_1 sind zeitaufgelöst Abbildung 6.3 zu entnehmen. Aufgrund der insgesamt geringen Verlustleistung ist messtechnisch eine Unterteilung in Leitend- und Schaltverluste nicht möglich.

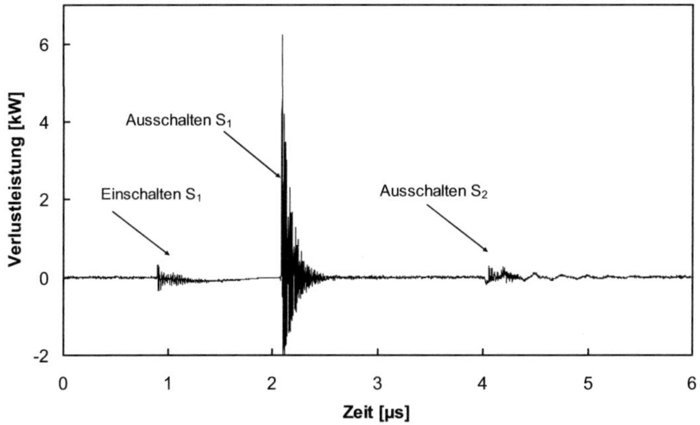

Abbildung 6.3:   *Verlustleistung Schalter S_1. Gesamtverlustleistung P_{S1} = 2,9 W. Betriebsparameter in Abbildung 6.1*

Das Einschalten von S_2 müsste unter ZCS direkt im Stromnulldurchgang stattfinden und damit zeitgleich mit dem Ausschalten von S_1. Problematisch ist hier ein exaktes Timing, da direkt nach der Richtungsänderung des Stromes an S_2 die Zwischenkreisspannung plus die Vorwärtsspannung der Diode D_2 anliegt und der Strom bereits wieder zunimmt. Zudem muss mindestens die Abschaltzeit (turn-off delay) des Transistors S_1 abgewartet werden um einen Kurzschluss der Halbbrücke zu vermeiden. Alternativ zur Schaltbedingung ZCS an S_2 kann der Transistors S_1 auch unter Strom abgeschaltet werden worauf die Drossel die Ausgangskapazität des Schalters S_2 entlädt. Das Einschalten von S_2 erfolgt dann unter ZVS. Die Verluste in S_2 sind in Abbildung 6.4 dargestellt. Die Einschaltverluste betragen ca. 33 % der Gesamtverluste. Der überwiegende Anteil der Verluste in S_2 sind ohmsche Leitendverluste mit 47 %, da der Strom in der negativen Halbschwingung zunimmt.

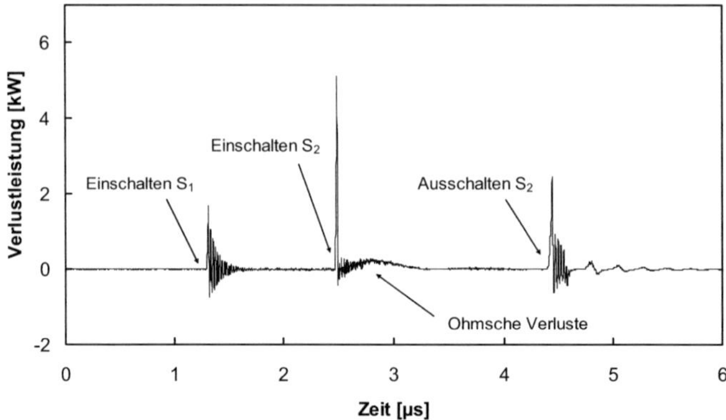

Abbildung 6.4:   Verlustleistung Schalter S_2. Gesamtverlustleistung $P_{S1} = 8,7$ W. Betriebsparameter in Abbildung 6.1

Das Ausschalten von S_2 erfolgt unter ZCS, da der Strom durch die Bodydiode fließt. Die Bodydiode bleibt bis zum Ende der Sperrverzögerungszeit leitfähig und der Strom kommutiert nach der Sperrverzögerungszeit in die Zwischenkreisspannung. Das Öffnen der Bodydiode unter Strom ist verlustbehaftet und erzeugt in dem Pulsbetrieb ca. 20 % der Verluste.

Insgesamt gestaltet sich die Messung der Bauteilverluste als schwierig, da ein exakter Abgleich zwischen Strom- und Spannungsmessung nötig ist und die Ströme im Betriebsgerät nicht zwangsweise mittelwertfrei sind. Es muss also mit einer aktiven Strommesszange (hier: Agilent N2782A, 0 – 50 MHz, 30 A) gemessen werden, deren geringer Versatz im Bereich einiger mA zeitweise negative Verluste erzeugen kann. Gleichzeitig ist die Gesamtverlustleistung mit $P_{Verluste} = 19$ W im Vergleich zur transportierten Scheinleistung $S_{Lampe} = 481$ VA gering.

Die Gesamtverlustleistung steigt, wenn parallel zur Lampe ein Parallel-Kondensator C_p geladen wird. Vorteile von C_p sind, dass ein Teil des Pulsstromes für die Zündung zur Verfügung gestellt wird und die DBE elektromagnetisch geschirmt werden kann. Eine Variation der Gesamtkapazität C_{Ges} ($C_{DBE} = 770$ pF parallel 0 pF $\leq C_p \leq 840$ pF) wird im Folgenden diskutiert. Wird bei konstanter Drossel $L = 2,71$ µH die Gesamtkapazität C_{Ges} erhöht, so steigt die Pulslänge aufgrund der geringeren Resonanzfrequenz. In Abbildung 6.5a) ist die Lampenleistung P_{Lampe}, die Eingangsleistung des Betriebsgerätes

P_{EVG} und die Verlustleistung über der Gesamtkapazität aufgetragen. Die Verluste im Betriebsgerät steigen näherungsweise quadratisch mit der Gesamtkapazität bedingt durch Leitendverluste zusätzlich zu den konstanten Schaltverlusten. Der Betriebsgerätewirkungsgrad η_{EVG} sinkt mit steigender Gesamtkapazität von $\eta_{EVG} = 87\,\%$ auf $\eta_{EVG} = 80\,\%$.

Mit der Gesamtkapazität steigt die von der Lampe aufgenommene Wirkleistung um 24 % auf $P_{Lampe} = 161$ W. Die Lampeneffizienz sinkt lediglich um 6 %. Dies zeigt die effektive Leistungseinkopplung während der Zündung durch einen Parallelkondensator (Abbildung 6.5b)).

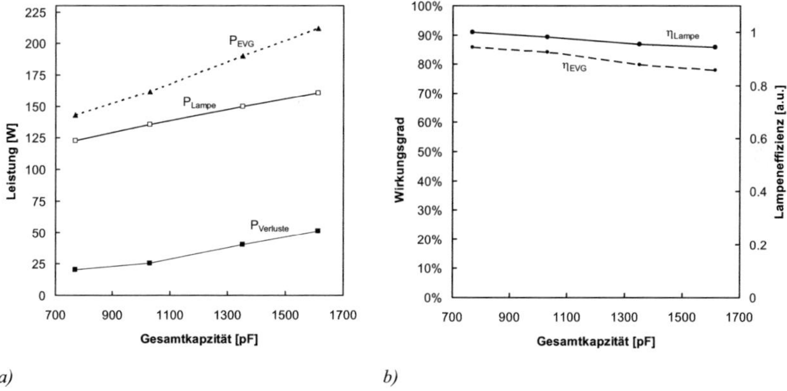

a)   b)

Abbildung 6.5:   *a) Lampenleistung P_{Lampe}, Eingangsleistung des Betriebsgerätes P_{EVG} und Verlustleistung $P_{Verluste}$ bei konstanter Drossel $L = 2{,}71\,\mu H$ über der Gesamtkapazität (C_{DBE} mit Parallel-Kondensator C_p) b)Lampeneffizienz und Betriebsgeräteeffizienz über der Gesamtkapazität*

Abschließend kann festgestellt werden, dass das entwickelte resonante Puls-Betriebsgeräte auch bei großen kapazitiven Lasten einen sehr hohen Wirkungsgrad bis $\eta_{EVG} = 87\,\%$ erreicht.

Es stellt die Grundlage für die Weiterentwicklung im Rahmen des Industrieprojektes mit Saint Gobain Glass France dar. In diesem Projekt wurde der Wirkungsgrad durch konsequente Optimierung der induktiven Bauteile und Parallelschaltung von Transistoren auf $\eta_{EVG} = 90\,\%$ gesteigert (Meisser 2008).

6.2   Druckabhängigkeit des Xe_2^*-Spektrums im VUV

Die Druckabhängigkeit der Xenon-Excimer-Emission im VUV wurde mit der MgF_2-Laborlampe, betrieben an dem resonanten Puls-Betriebsgerät, untersucht. Die Repetitionsrate wurde im Bereich $f = 20$ kHz bis $f = 70$ kHz variiert, um den Messbereich des VUV-Monochromators optimal auszunutzen.

 Diese Variation ist möglich, da die Unabhängigkeit des Emissionsspektrums von der Anregungsform, der Leistung und Repetitionsrate bereits in (Liu et al. 2003, Sewraj et al. 2009) gezeigt ist. Im Rahmen dieser Arbeit wurde das Excimerspektrum als Funktion des Xenondrucks für 25 mbar $\leq p_{Xe} \leq 500$ mbar untersucht. Die elektrische Leistung beträgt zwischen $P = 0,4$ W für $p_{Xe} = 25$ mbar und $P = 9,6$ W für $p_{Xe} = 500$ mbar.

Das Emissionsspektrum wird in Resonanzstrahlung, erstes und zweites Excimerkontinuums aufgeteilt und die relativen Anteile am Gesamtspektrum dargestellt. Diese Aufteilung macht eine Abschätzung der Plasma-Effizienz für DBEs aus synthetischem Quarzglas möglich, da synthetische Quarze die Resonanzstrahlung und Teile des ersten Kontinuums unter $\lambda = 155$ nm absorbieren.

Das Xenon-Excimerspektrum ist für 25 mbar $\leq p_{Xe} \leq 500$ mbar in Abbildung 6.6 über der Wellenlänge dargestellt. Durch die MgF_2-Barriere entspricht das gemessene Xenon-Excimerspektrum dem Anregungsspektrum eines Phosphors für $d_{Gap} = 2,25$ mbar. Das Xenon-Excimerspektrum beginnt unabhängig von dem Xenondruck bei $\lambda = 145$ nm. Linienstrahlung aus dem Übergang der energetisch höherliegenden Niveaus $Xe^*(1s3)$ in den Grundzustand mit $\lambda = 125$ nm konnte nicht festgestellt werden. Gleiches gilt für Strahlung des Übergangs $Xe^*(1s2)$ in den Grundzustand mit Emission bei $\lambda = 129,6$ nm.

Für $p_{Xe} = 25$ mbar überwiegt die Resonanzstrahlung an dem Gesamtspektrum. Erst oberhalb von $p_{Xe} = 50$ mbar ist die Ausprägung des zweiten Kontinuums deutlich erkennbar. Die Emission des zweiten Kontinuums nimmt mit steigendem Lampenfülldruck kontinuierlich zu, da das Xe_2^*-Molekühl ein Teil seiner Schwingungsenergie an Nachbaratome abgeben kann. Ab $p_{Xe} > 100$ mbar dominiert das zweite Excimerkontinuum und für $p_{Xe} \geq 400$ mbar wird das Xe_2^*-Spektrum zu mehr als $90\,\%$ durch Strahlung des zweiten Kontinuums bestimmt.

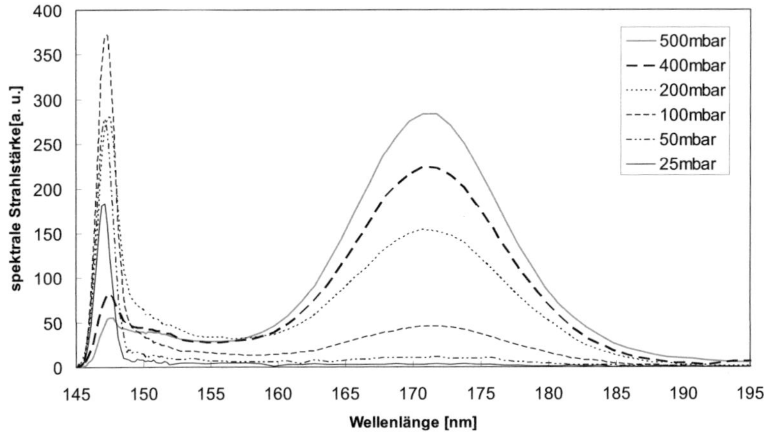

Abbildung 6.6: Xenon-Excimerspektrum über der Wellenlänge für 25 mbar $\leq p_{Xe} \leq 500$ mbar. Strahler: MgF$_2$-Laborlampe

Die Xenon-Resonanzlinie bei $\lambda = 147$ nm ist geringfügig druckverbreitert. Eine Selbstumkehr der Xenon-Resonanzlinie war bei einer spektralen Auflösung $d_{HWB} = 0{,}8$ nm nicht messbar. Durch die Überlagerung der Resonanzlinie mit dem ersten Kontinuum wird die Halbwertsbereite als Resonanzbreite unter Voraussetzung einer symmetrischen Verbreiterung nur im kürzerwelligen Bereich bestimmt. Die Resonanzbreite der Resonanzlinie steigt von $d_{147nm} = 1{,}33$ nm ($p_{Xe} = 25$ mbar) nahezu linear auf $d_{147nm} = 1{,}73$ nm ($p_{Xe} = 200$ mbar). Für $p_{Xe} > 200$ mbar steigt d_{147nm} nur noch geringer auf $d_{147nm} = 1{,}98$ nm bei $p_{Xe} = 500$ mbar an.

Das zweite Kontinuum zeigt eine geringe Druckverschmälerung, die bereits von (Stockwald 1991) veröffentlicht wurde. Mit ansteigendem Lampenfülldruck sinkt die Halbwertsbreite des zweiten Kontinuums von $d_{172nm} = 14{,}1$ nm ($p_{Xe} = 25$ mbar) auf $d_{172nm} = 13{,}0$ nm ($p_{Xe} = 500$ mbar). Das zweite Kontinuum ist um $\lambda = 172$ nm symmetrisch und kann als normalverteilte Funktion angenähert werden. Erst ab einer unteren Grenzwellenlänge von $\lambda \approx 164$ nm weicht die normalverteilte Näherung durch Überlagerung des ersten Kontinuums merklich von dem Emissionsspektrum ab (Enßlin 2009).

Die spektralen Anteile der Xenon-Excimer-Emission können der Resonanzstrahlung, dem ersten und zweiten Excimerkontinuum zugeordnet werden, indem das Emissionsspektrum in Intervalle unterteilt wird. Für die Resonanzstrahlung wird der Spektralbereich von 145 nm $\leq \lambda \leq$ 149 nm definiert, dies entspricht der doppelten Resonanzbreite. Die Strahlung des ersten Kontinuums wird bis zur Grenzwellenlänge des synthetischen Quarzglases im Bereich 149 nm $\leq \lambda \leq$ 155 nm bestimmt. Auf das zweite Excimerkontinuum entfällt der Bereich 155 nm $\leq \lambda \leq$ 197 nm.

Eine Übersicht der Energieanteile ist in Abbildung 6.7 grafisch dargestellt und in Tabelle 6.1 angegeben. Bei einem Xenondruck $p_{Xe} = 25$ mbar hat die Resonanzstrahlung einen Anteil von 70 %. Die Resonanzstrahlung sinkt monoton mit dem Xenondruck auf minimal 2,7 %, besitzt aber bis $p_{Xe} = 400$ mbar einen größeren Anteil als das erste Kontinuum.

Ab einem Xenondruck $p_{Xe} = 100$ mbar wird hauptsächlich Excimerstrahlung des zweiten Kontinuums emittiert. Trotzdem wird erst ab einem Druck von $p_{Xe} \geq 400$ mbar über 90 % der emittierten Strahlung als Strahlung des zweiten Kontinuums emittiert.

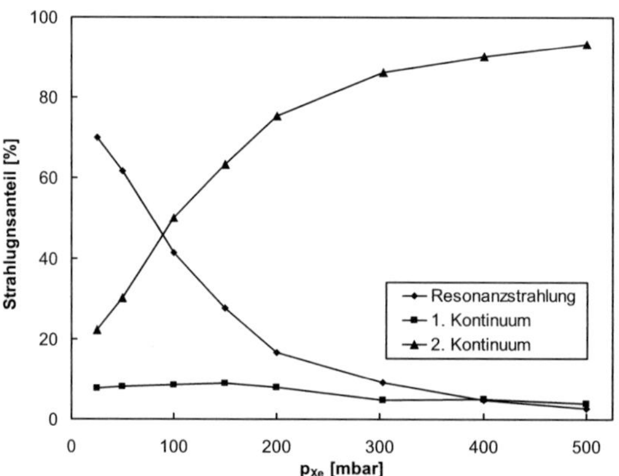

Abbildung 6.7:   Aufteilung der Xenon-Excimer-Emission in die relativen Anteile der Resonanzstrahlung, des ersten Kontinuums und zweiten Kontinuums.

Tabelle 6.1:   Übersicht der relativen Anteile der Resonanzstrahlung, des ersten Kontinuums und zweiten Kontinuums an der Xenon-Excimer-Emission.

p_{Xe} (mbar)	25	50	100	150	200	300	400	500
Resonanzstrahlung (%)	70,1	61,8	41,3	27,7	16,6	9,0	4,9	2,7
1. Kontinuums (%)	7,7	8,1	8,6	8,9	7,8	4,8	5,0	3,9
2. Kontinuums (%)	22,2	30,1	50,1	63,5	75,6	86,2	90,2	93,4

Die Messergebnisse decken sich weitestgehend mit (Gellert et al. 1991), (Liu et al. 2003) und (Jinno et al. 2005). Ein bedeutender Unterscheid besteht jedoch in dem Auftreten der Resonanzlinie. In den bekannten spektroskopischen Untersuchungen findet die Entladung entfernt von der Auskoppelöffnung statt, weshalb die Resonanzlinie durch die zusätzliche optische Wegstrecke reabsorbiert ist. Je höher der Druck des Füllgases ist, desto stärker ist die Reabsorption. Daher ist die Resonanzlinie nur bis ca. p_{Xe} = 50 mbar scheinbar vorhanden. Die Messungen dieser Arbeit belegen, dass die Resonanzstrahlung noch bei Fülldrücken bis zu p_{Xe} = 400 mbar klar von der Strahlung des ersten Kontinuum getrennt werden kann. Bei p_{Xe} = 400 mbar beträgt der Anteil der Resonanzstrahlung noch 5 % der Gesamtemission. Es zeigte sich, dass die Resonanzstrahlung im relevanten Druckbereich p_{Xe} < 400 mbar einen signifikanten Anteil an der Gesamtemission darstellt und für die Phosphoroptimierung berücksichtigt werden sollte.

6.3   Homogene, gemusterte und filamentierte Entladungen

Es wird in diesem Kapitel gezeigt, dass die Homogenität der Entladung mit der Spitzenstromdichte während der Zündung korreliert. Diese Spitzenstromdichte muss von dem Betriebsgerät oder einem parallelen Kondensator geliefert werden und hängt von der Pulsform ab. Dabei ist anzumerken, dass die Stromdichte einer DBE proportional zur Spannungsanstiegsgeschwindigkeit eines Kondensators ist, weshalb die Entladung mit steigender Spannungsanstiegsgeschwindigkeit homogenisiert werden kann.

6.3.1   Schwellenstromdichte für homogene Entladungen

Das adaptive Betriebsgerät für DBEs bietet die Möglichkeit die Spannungsanstiegsgeschwindigkeit und damit die Stromdichte unabhängig von der Pulsbreite zu variieren. Für einen Xenondruck p_{Xe} = 200 mbar und f = 30 kHz wurde eine homogene Entladung mit dem adaptiven Betriebsgerät und einer Pulsbreite t_{Puls} = 300 ns (FWHM) erreicht. Die Spannungsanstiegsgeschwindigkeit der steigen Flanke beträgt du_{Lampe}/dt = 15,2 kV/µs, die maximale Stromdichte vor der ersten Zündung i_{Lampe} = 10,5 mA/cm^2.

Die Entladung zündet im stationären Betrieb mit Erreichen der dynamischen Zündspannung von $u_{Lampe}(t$ = 300 ns) = 2,5 kV ein erstes Mal, gefolgt von der

Rückzündung bei $t = 550$ ns (Abbildung 6.8). Während der ersten Zündung fällt die Gapspannung innerhalb ca. 50 ns von der dynamischen Zündspannung $u_{Gap} = 1{,}4$ kV auf die Brennspannung $u_{Gap} \approx 0{,}8$ kV und es fließt eine Spitzenstromdichte $\hat{\imath}_{Lampe} = 21{,}7$ mA/cm^2. Eine zusätzliche Stromdichte aus dem Spannungsabfall über der Vakuumkapazität C_{Gap} erhöht die Spitzenstromdichte $\hat{\imath}_{Lampe}$, so dass die Plasmaspitzenstromdichte mit $\hat{\imath}_{Plasma} = 33{,}5$ mA/cm^2 die Spitzenstromdichte $\hat{\imath}_{Lampe}$ übersteigt. Bis zur Stromkommutierung bei $t = 400$ ns wird eine Glimmentladung unterhalten. In dieser Glimmphase sind i_{Plasma} und i_{Lampe} gleichwertig und fließen durch die gezündete Fläche bei näherungsweise konstanter Gapspannung. Mit der Stromkommutierung erlischt die Glimmentladung und i_{Plasma} nimmt ab. Die Lampe wird umgeladen bis die negative Zündspannung der Rückzündung erreicht wird und das Plasma erneut zündet. Während der Rückzündung erreicht die Plasmaspitzenstromdichte $\hat{\imath}_{Plasma} = -31{,}2$ mA/cm^2 und $\hat{\imath}_{Lampe} = -25{,}6$ mA/cm^2.

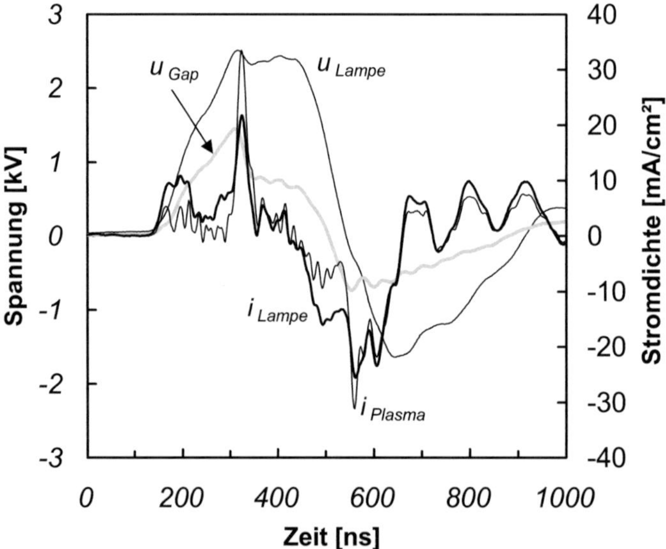

Abbildung 6.8: *Lampenspannung u_{Lampe}, Gapspannung u_{Gap}, Lampenstromdichte i_{Lampe} und Plasmastromdichte i_{Plasma} für eine homogene Entladung bei $p_{Xe} = 200$ mbar. Erste Zündung bei $t = 325$ ns, Rückzündung bei $t = 550$ ns. $f = 30$ kHz*

In Abbildung 6.9 a) ist eine Reduktion der Spannungsanstiegsgeschwindigkeit mit unveränderter Pulsbreite gezeigt. Mit reduzierter Spannungsanstiegsgeschwindigkeit $du_{Lampe}/dt = 13{,}5$ kV/µs sinkt die Plasmaspitzenstromdichte auf $\hat{\imath}_{Plasma} = 23$ mA/cm^2. Kurzzeitaufnahmen in NIR zeigen, dass sich die Ausbildungsform der Entladung von homogen zu zweidimensional gemustert ändert (b)).

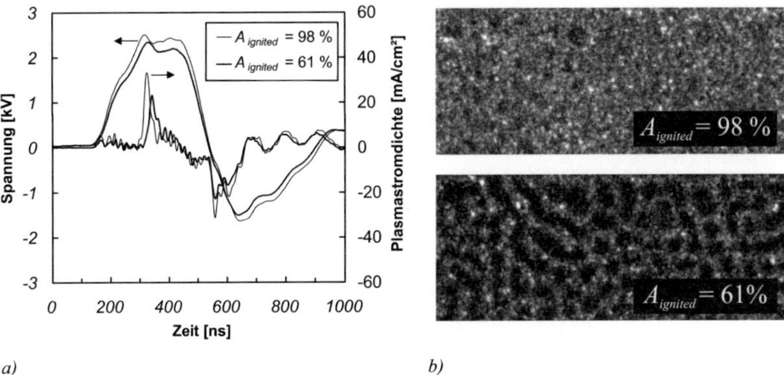

Abbildung 6.9: a) Lampenspannung u_{Lampe} und Plasmastromdichte i_{Plasma} bei veränderter Stromdichte. Für $\hat{\imath}_{Plasma} = 23$ mA/cm^2 ist die Ausbildungsform der Entladung zweidimensional gemustert, für $\hat{\imath}_{Plasma} = 33{,}5$ mA/cm^2 ist die Entladung homogen. b) Ausbildungsformen der Entladung. $f = 30$ kHz, $p_{Xe} = 200$ mbar, $t_{int} = 1$ µs

Die Kurzzeitaufnahmen werden über einen Schwellenwertvergleich ausgewertet und so die gezündete Fläche $A_{ignited}$ bestimmt[1]. Jeder Pixel P der Gesamtzahl von n Pixeln, dessen Intensität I den Schwellenwert S_1 übersteigt wird $A_{ignited}$ zugerechnet.

$$A_{ignited} = \frac{1}{n}\sum P \qquad \forall \qquad I \geq S_1 \tag{6.1}$$

Der Schwellenwert S_1 wurde zu 50 % der maximalen Intensität gewählt. Liegt die Intensität eines Pixels unter der Schwelle, so gilt die Stelle des Pixels als ungezündet. $A_{ignited}$ gibt also an, welcher Anteil der aktiven Fläche A gezündet wurde. Abstandshalter im Entladungsraum, welche für das Evakuieren der Lampe benötigt werden, verhindern eine 100%-ige homogene Entladung, weshalb $A_{ignited} < 100\%$ ist. Der homogene Betrieb zündet gleichzeitig eine

---

[1] $A_{ignited}$ ist, sofern nicht anders angegeben, auf die aktive Flache A bezogen.

Fläche $A_{ignited} = 98\,\%$, während die gezündete Fläche der gemusterten Entladung einen gezündeten Anteil $A_{ignited} = 61\,\%$ hat.

Eine weitere Variation der Spitzenstromdichte ist in Abbildung 6.10 dargestellt. Mit ansteigender Stromdichte weiten sich einzelne Filamente erst auf und bilden ein zweidimensionales Linienmuster. Dieses Linienmuster geht über ein hexagonales Zellmuster in eine homogene Entladung mit einzelnen dunklen Spots über. Auch diese vereinzelten dunklen Spots verschwinden, wenn die Stromdichte hoch genug ist und eine echt homogene Entladung erreicht wird. Während des Übergangs einer filamentierten in eine homogene Entladung wird die gezündete Fläche vergrößert. Die Stromdichte durch die gezündete Fläche ist dabei konstant.

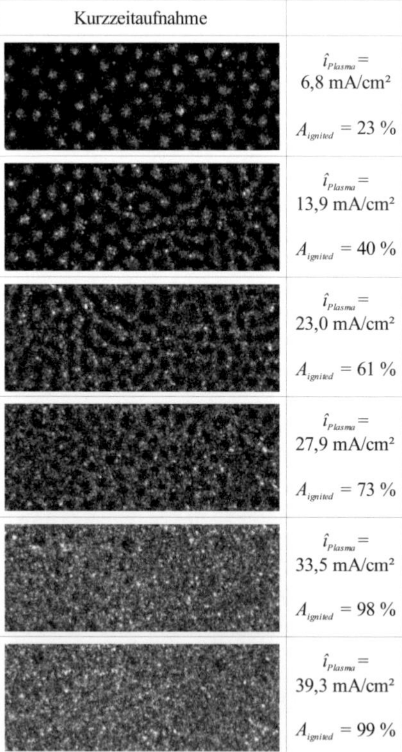

Abbildung 6.10: Kurzzeitaufnahmen einzelner Entladungspulse für den Übergang einer filamentierten über eine gemusterte zur homogenen Entladung. $f = 30\ kHz$, $p_{Xe} = 200\ mbar$, $t_{int} = 1\ \mu s$

Die Plasmaspitzenstromdichte ist in Abbildung 6.11 über der gezündeten Fläche $A_{ignited}$ dargestellt. Die gezündete Fläche steigt während dem Übergang von der filamentierten in die homogene Entladung linear mit der Stromdichte, bis zur Stromdichte $\hat{\imath}_{Plasma} = 33{,}5$ mA/cm^2. Die Stromdichte in der gezündeten Fläche bleibt konstant und eine Stromerhöhung vergrößert die gezündete Fläche. Eine Erhöhung der Stromdichte über $\hat{\imath}_{Plasma} = 33{,}5$ mA/cm^2 erhöht die gezündete Fläche nicht. Ab der Schwellenstromdichte steigt die Stromdichte in der gezündeten Fläche. Diese Stromdichte wird als Schwellenstromdichte für eine homogene Entladung definiert.

Die Stromdichte $\hat{\imath}_{Lampe}$ steigt ebenfalls linear mit $A_{ignited}$. Die unterschiedlichen Gradienten für $\hat{\imath}_{Lampe}$ und $\hat{\imath}_{Plasma}$ resultieren aus der zusätzlichen Stromdichte durch die Spannungsänderung der Vakuumkapazität des Gasraumes. Die Zündspannung der Lampe ist während des Übergangs der filamentierten in die homogene Entladung konstant. Die Brennspannung der Lampe fällt jedoch mit zunehmender Stromdichte, da der Gasraum zunehmend umgeladen wird.

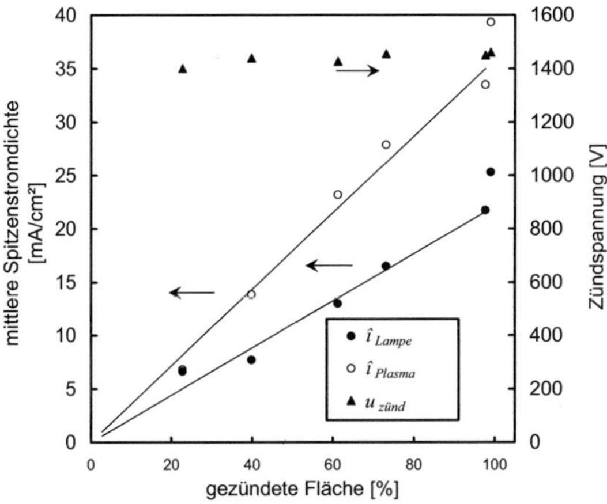

Abbildung 6.11: Die Spitzenstromdichte $\hat{\imath}_{Lampe}$ und Plasmaspitzenstromdichte $\hat{\imath}_{Plasma}$ sind bis zur Schwellenstromdichte linear zur gezündeten Fläche. Die dynamische Zündspannung $u_{zünd}$ ist unabhängig von der gezündeten Fläche. $f = 30$ kHz, $p_{Xe} = 200$ mbar.

6.3.2   Einfluss der Rückzündung

In Kapitel 6.3.1 ist die Stromdichteabhängigkeit der Xe_2^*-DBE und die Existenz der Schwellenstromdichte für eine feste Pulsform gezeigt. Es ist aus (Paravia et al. 2007) bereits bekannt, dass eine Xe_2^*-DBE durch eine Rückzündung homogenisiert werden kann. Ist die Rückzündung schwach ausgeprägt, so muss die Spannungsanstiegsgeschwindigkeit und damit die Stromdichte der ersten Zündung für eine homogene Entladung erhöht werden. In diesem Kapitel wird exemplarisch für zwei Pulslängen $t_{Puls} = 500$ ns und $t_{Puls} = 600$ ns gezeigt, dass die Schwellenstromdichte von der Rückzündung und damit von der Pulsform und Pulslänge abhängt.

Mit dem adaptiven Betriebsgerät wird die Spannungsabfallgeschwindigkeit der fallenden Flanke erniedrigt. Hierdurch ist die Rückzündung schwach ausgeprägt und die Entladung zeigt eine teilweise gemusterte Ausbildungsform.

In Abbildung 6.12a) ist die Lampenspannung und die Gapspannung für die homogenen Entladungen einer Pulslänge von $t_{Puls} = 500$ ns und die gemusterte Entladung ($t_{Puls} = 600$ ns) gezeigt. Abbildung 6.12b) zeigt die zugehörige Ausbildungsform der Entladung.

Die Spannungsanstiegsgeschwindigkeit der steigenden Flanke beträgt $du_{Lampe}/dt = 10$ kV/µs für $t_{Puls} = 500$ ns und $du_{Lampe}/dt = 21$ kV/µs für $t_{Puls} = 600$ ns. Damit ist die Spannungsanstiegsgeschwindigkeit größer, die Entladung bleibt aber teilflächig gemustert. Im Gegensatz hierzu ist die Spannungsabfallgeschwindigkeit der fallenden Flanken $du_{Lampe}/dt = -25$ kV/µs (für $t_{Puls} = 500$ ns) im Vergleich zu $du_{Lampe}/dt \approx -7$ kV/µs deutlich größer.

Die Lampe zündet unabhängig von der Pulslänge bei $u_{Gap}(t = 400$ ns$) = 1,5$ kV. In der anschließenden Glimmphase bis zur Stromkommutierung steigt die Lampenspannung, getrieben von der verbleibenden Energie der aufmagnetisierten Drossel auf bis zu $u_{Lampe} = 3,9$ kV. Die dynamischen Zündspannungen der ersten Zündung beider Pulse sind identisch, während die Rückzündspannung mit $u_{Gap} = -740$ V für $t_{Puls} = 500$ ns deutlich größer ist als für $t_{Puls} = 600$ ns. Die Rückzündung setzt hier aufgrund des Feldes der Raumladungen ein und damit trotz einer geringen Spannung $u_{Gap}(t = 960$ ns$) = -23$ V.

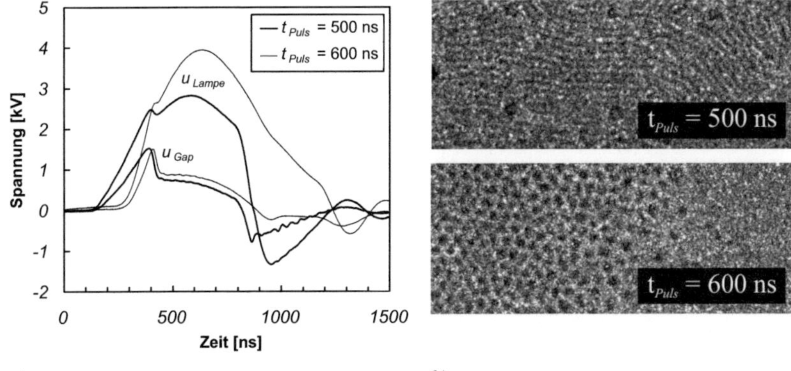

a)   *b)*

Abbildung 6.12: a) Spannung u_{Lampe} und Gapspannung u_{Gap} für t_{Puls} = 500 ns und t_{Puls} = 600 ns (FWHM). Erste Zündung bei t = 400 ns, Rückzündung bei t = 900 - 960 ns. b) Ausbildungsform der Entladung: homogen für t_{Puls} = 500 ns und teilflächig gemustert für t_{Puls} = 600 ns. f = 30 kHz, p = 200 mbar, t_{int} = 2 μs

Durch die geringere Spannungsabfallgeschwindigkeit wird die Rückzündung deutlich abgeschwächt, was durch zeitaufgelöste Messung der emittierten NIR-Strahlung in Abbildung 6.13 gezeigt ist. Die emittierte NIR-Strahlung zeigt die Rückzündung deutlich getrennt von der ersten Zündung für t_{Puls} = 500 ns und t_{Puls} = 600 ns. Normiert auf die erste Zündung ist die Rückzündung für t_{Puls} = 600 ns mit einer Spitzenintensität von 31 % schwach ausgeprägt. Im Gegensatz hierzu hat die Rückzündung für den t_{Puls} = 500 ns eine normierte Intensität von 93 %. Das überlagerte Rauschen ist durch elektromagnetische Interferenzen verursacht und kann vernachlässigt werden.

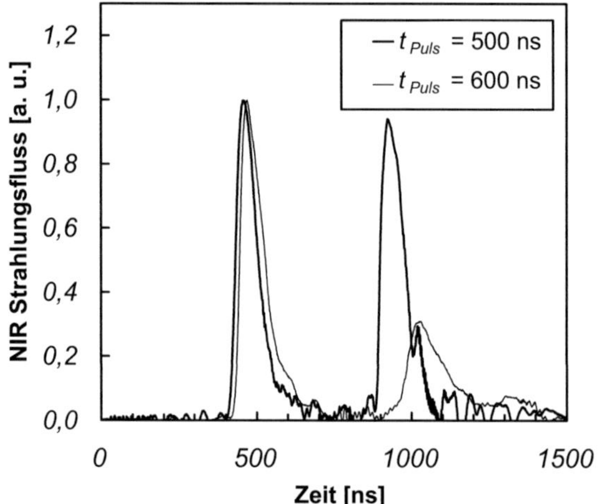

Abbildung 6.13: Transiente Messung der NIR-Strahlung. Für t_{Puls} = 600 ns findet die Rückzündung schwach ausgeprägt bei t = 960 ns mit einer normiert Intensität von 31% statt. Für t_{Puls} = 500 ns ist die Rückzündung verstärkt, was an der normierten Intensität von 93% sichtbar ist. Betriebsbedingungen in Abbildung 6.12

Die Zündungen können auch der Plasmastromdichte (Abbildung 6.14) entnommen werden. Vor der ersten Zündung ist die Plasmastromdichte vernachlässigbar und in diesem Fall lediglich Messfehlern, wie dem Kapazitätsunterschied der DBE zum Koppelkondensator oder elektromagnetischen Interferenzen, zuzuordnen. Mit der Zündung erreicht die Plasmaspitzenstromdichte $\hat{\imath}_{Plasma}$ = 42 mA/cm^2 für t_{Puls} = 600 ns und $\hat{\imath}_{Plasma}$ = 38 mA/cm^2 für t_{Puls} = 500 ns. Dagegen ist $\hat{\imath}_{Plasma}$ = -50 mA/cm^2 für t_{Puls} = 500 ns um das 5,5-fache höher, verglichen mit der Rückzündung für die Pulslänge t_{Puls} = 600 ns.

Der Vergleich der Plasmaspitzenstromdichten und der Ausbildungsformen zeigt, dass mit der schwachen Rückzündung die Plasmaspitzenstromdichte der ersten Zündung nicht ausreicht, um die Lampe homogen zu zünden. Die Rückzündung homogenisiert die Entladung folglich. Entscheidend ist die Stromdichte während der Rückzündung. Schon vor der Rückzündung führt eine größere Stromdichte zu einem schnelleren Umladen der DBE. Die Rückzündung wird mit größerem negativem Strom eingeleitet und die Gapspannung ist deutlich unter null. Somit wird Wirkleistung in die Rückzündung eingekoppelt und die verbleibende Restladungsträgerdichte auf den Barrieren ist gleichmäßiger.

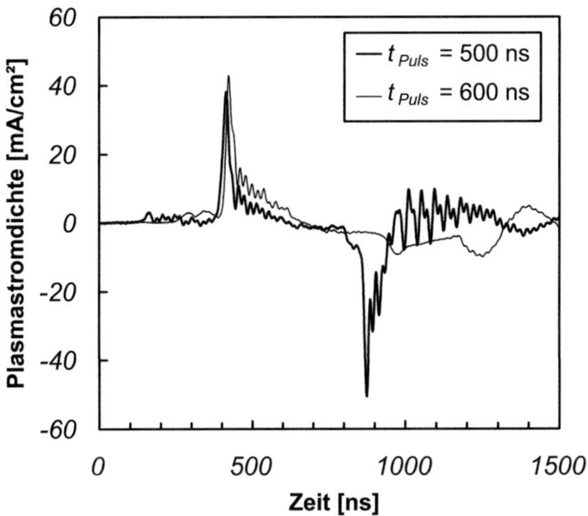

Abbildung 6.14: Plasmastromdichte für t_{Puls} = 600 ns und t_{Puls} = 500 ns. Für t_{Puls} = 500 ns beträgt die Stromdichte während der Rückzündung das 5-fache verglichen mit den Puls (t_{Puls} = 600 ns). Betriebsbedingungen in Abbildung 6.12 enthalten

Die geringeren Glimmverluste und die geringere Stromdichte der ersten Zündung bei gleicher Zündspannung reduzieren die mittlere Leistung auf P = 93 mW/cm² für t_{Puls} = 500 ns verglichen mit P = 115 mW/cm² für t_{Puls} = 600 ns. Durch eine ausgeprägte Rückzündung wird eine homogene Entladung bereits bei einer niedrigeren Stromdichte für die erste Zündung erreicht. An einem drosseldominierten Betriebsgerät kann die maximale Lampenspannung verringert werden, da der Spannungsanstieg in der Glimmphase durch den verringerten eingeprägten Strom der Drossel geringer ist. Somit steigert die Rückzündung über minimierte Glimmverluste die Plasma-Effizienz.

6.3.3 Druckabhängigkeit der Schwellenstromdichte

Die Schwellenstromdichte für homogene Entladungen wurde in Kapitel 6.3.1 eingeführt und die Abhängigkeit von der Pulsform in Kapitel 6.3.2 diskutiert. Es wurde gezeigt, dass die Schwellenstromdichte durch eine Rückzündung während der fallenden Spannungsflanke verringert werden kann.

In diesem Kapitel wird die Druckabhängigkeit der Schwellenstromdichte für einen Xenondruck zwischen 50 mbar $\leq p_{Xe} \leq$ 400 mbar dargelegt. Die Anregung erfolgt unverändert mit dem adaptiven Betriebsgerät mit einer Pulsbreite von

t_{Puls} = 500 ns und t_{Puls} = 600 ns, wie in Abbildung 6.12 dargestellt, und einer Repetitionsrate f = 30 kHz. Die Lampenleistung steigt mit dem Druck und liegt zwischen P = 13,2 mW/cm^2 und P = 224 mW/cm^2.

Für die Druckvariation wurde die Zwischenkreisspannung soweit erhöht, dass die Entladung gerade homogen zündet. Durch die Erhöhung der Zwischenkreisspannung wird die Drossel in dem adaptiven Betriebsgerät stärker aufmagnetisiert und der Drosselstrom vor und während der Zündung steigt an. In Abbildung 6.15 ist die Schwellenstromdichte für homogene Entladungen über dem Xenondruck gezeigt. Liegt die Stromdichte unter der Schwellenstromdichte, so ist die Entladung teil- oder ganzflächig filamentiert bzw. gemustert.

Die Schwellenstromdichte steigt linear mit dem Xenondruck p_{Xe} und beträgt für eine homogene Entladung mit t_{Puls} = 600 ns:

$$\hat{i}_{Lampe} = 0,15 \frac{mA}{mbar\ cm^2} p_{Xe} \tag{6.2}$$

$$\hat{i}_{Plasma} = 0,22 \frac{mA}{mbar\ cm^2} p_{Xe} \tag{6.3}$$

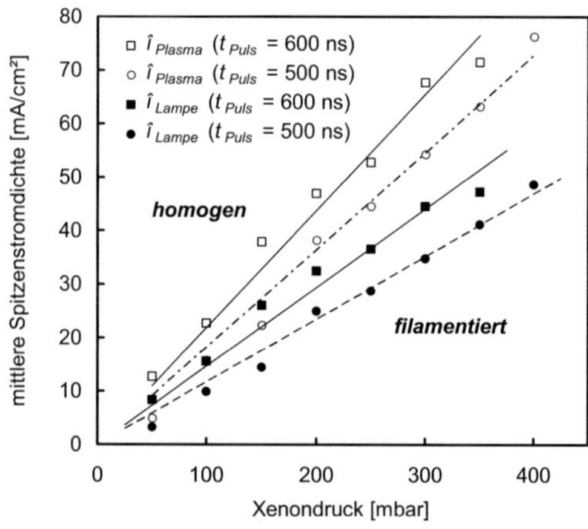

Abbildung 6.15: Druckabhängigkeit der Schwellenstromdichte für eine homogene Entladung. Mit t_{Puls} = 500 ns beträgt die Schwellenstromdichte das 0,8-fache der Schwellenstromdichte verglichen mit t_{Puls} = 600 ns

Durch eine ausgeprägte Rückzündung kann die Schwellenstromdichte um 20 % reduziert werden. Dies zeigt eindeutig, dass die Rückzündung eine homogene Entladung unterstützt. Für t_{Puls} = 500 ns steigt die Schwellenstromdichte ebenfalls linear mit p_{Xe}:

$$\hat{i}_{Lampe} = 0{,}12 \frac{mA}{mbar\ cm^2} p_{Xe} \qquad (6.4)$$

$$\hat{i}_{Plasma} = 0{,}18 \frac{mA}{mbar\ cm^2} p_{Xe} \qquad (6.5)$$

Während der Zündung sinkt die Gapspannung von der dynamischen Zündspannung $u_{zünd}$ auf die Brennspannung u_{brenn}. Die dynamische Zündspannung $u_{zünd}$, in Abbildung 6.16 über dem Xenondruck dargestellt, ist linear zum Xenondruck und unabhängig von der Pulsform. Jedoch ist aus (Paravia et al. 2007) bekannt, dass durch eine Rückzündung die dynamische Zündspannung auch verringert werden kann, wenn das Feld der Restladungsträger durch die Rückzündung umgepolt wurde.

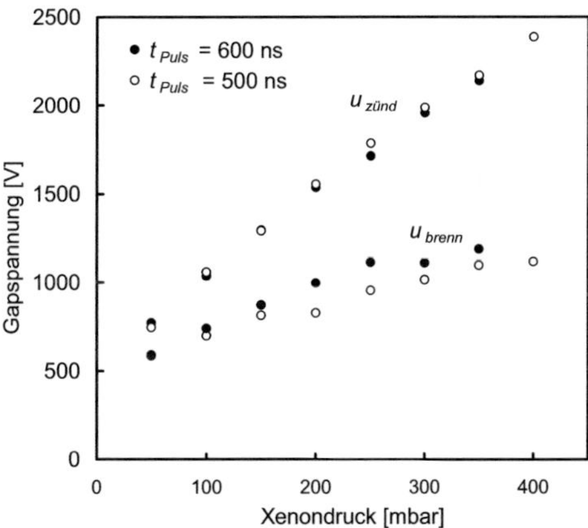

Abbildung 6.16: Dynamische Zündspannung steigt linear mit dem Xenondruck, die Brennspannung der Lampe steigt ebenfalls mit dem Druck (abhängig von der Pulsdauer)

Die dynamische Zündspannung setzt sich aus einem vom Xenondruck und der Schlagweite abhängenden Term und der Summe der Fallspannungen zusammen

(Roth 2001). Für eine Schlagweite d_{Gap} = 2 mm kann $u_{zünd}$ beschrieben werden als:

$$u_{zünd} = 2,3 \frac{V}{mbar\ mm} p_{Xe} d_{Gap} + 585\,V \tag{6.1}$$

Die Brennspannung der Lampe steigt mit dem Druck ist aber von der Pulsform abhängig, da die Brennspannung sinkt wenn der Gasraum durch den bereitgestellten Strom des Betriebsgerätes stärker umgeladen wird.

Die Spannungsdifferenz zwischen $u_{zünd}$ und u_{brenn} erzeugt einen zum Lampenstrom additiven Blindstrom i_{blind} durch die Spannungsänderung Δu_{Gap} über der Vakuumkapazität C_{Gap}:

$$i_{blind} = C_{Gap} \frac{du_{Gap}}{dt} = -C_{Gap} \Delta u_{Gap} = -C_{Gap} (u_{zünd} - u_{brenn}) \tag{6.2}$$

Aus diesem Grunde steigt nach Gleichung (3.2) die Differenz zwischen $\hat{\imath}_{Plasma}$ und $\hat{\imath}_{Lampe}$ mit dem Xenondruck.

6.3.4 Schwellenstromdichte mit resonantem Puls-Betriebsgerät

Das resonante Puls-Betriebsgerät wurde entwickelt, um für die erste Zündung der Entladung eine hinreichend große Stromdichte zur Verfügung zu stellen und die Homogenität der Entladung mit einer Rückzündung zu unterstützen. Die maximale Stromdichte wird während oder kurz vor der Zündung erreicht und die Rückzündung durch einen aufschwingenden Lampenstrom und einer umgepolten Lampenspannung unterstützt.

Für einen Druck p_{Xe} = 150 mbar wurde die Existenz der Schwellenstromdichte bestätigt und veröffentlicht (Paravia et al. 2008b). Die elektrischen Messungen wurden bereits in Kapitel 4.1 als Basis der Simulation erörtert. Aus diesem Grunde sei auf die Spannungsform auf Abbildung 4.1 verwiesen. Analog zu der Schwellenstrombestimmung mit dem adaptiven Betriebsgerät wurde der vom Betriebsgerät bereitgestellte Strom über die Zwischenkreisspannung bei einer konstanten Pulslänge variiert. In Abbildung 6.17 sind die Plasmastromdichten i_{Plasma} für die filamentierten Entladungen mit gezündeter Fläche $A_{ignited}$ = 29 % und $A_{ignited}$ = 53 % über der Zeit aufgetragen.

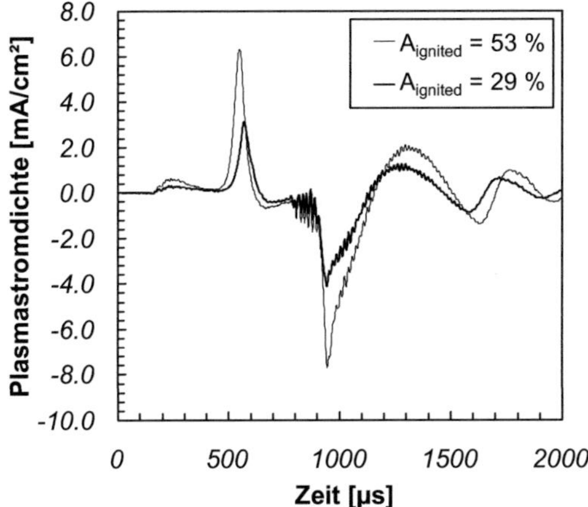

Abbildung 6.17: i_{Plasma} *für filamentierte Entladungen mit* $A_{ignited} = 29\%$ *und* $A_{ignited} = 53\%$. *Die gezündete Fläche steigt linear mit der maximalen Stromdichte im Moment der Zündung* $t_{zünd}$. $p_{Xe} = 150$, *Betriebparameter in Tabelle 4.1.*

Das Verhältnis aus Spitzenstromdichte und gezündeter Fläche ist konstant. Die Rückzündung der DBE setzt ca. 300 ns später ein und übersteigt in beiden Fällen die maximale Stromdichte der ersten Zündung.

Kurzzeitaufnahmen im NIR zeigen in Abbildung 6.18 die Ausbildungsform der Entladung. Die Entladung geht mit steigender Stromdichte von einer filamentierten Entladung über ein zweidimensionales Linienmuster in eine homogene Entladung über. Die gezündete Fläche steigt von $A_{ignited} = 29\%$ im filamentierten Betrieb auf $A_{ignited} = 97\%$ für die homogene Entladung. Die Ausbildungsformen der Entladung sind mit den Ausbildungsformen am adaptiven Betriebsgerät identisch und unabhängig vom der Pulsform und der Repetitionsrate.

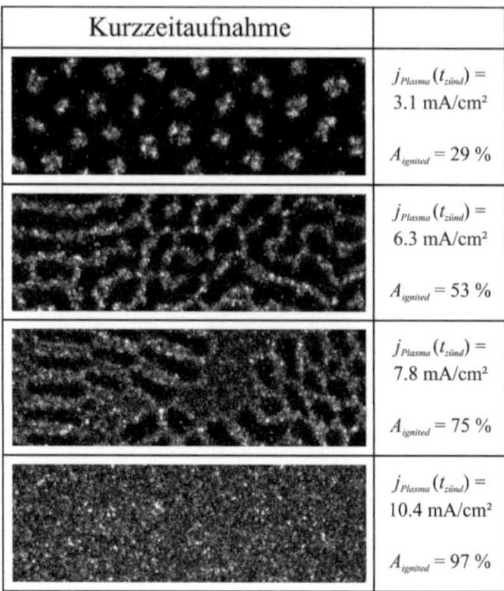

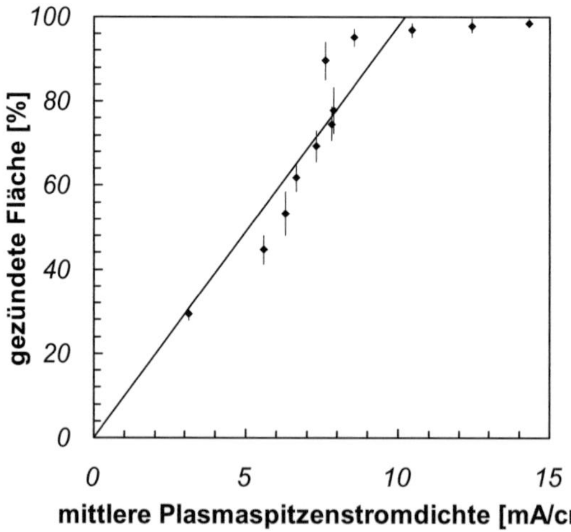

*Abbildung 6.18: Kurzzeitaufnahmen einzelner Entladungspulse für den Übergang einer filamentier-
ten über eine gemusterte zur homogenen Entladung für einen Druck $p_{Xe} = 150$ mbar
am resonanten Puls-Betriebsgerät. Betriebparameter in Tabelle 4.1, $t_{int} = 2$ µs*

$A_{ignited}$ zeigt, über der Zündstromdichte aufgetragen, auch für das resonante
Puls-Betriebsgerät den linearen Zusammenhang bis zur Schwellenstromdichte
(Abbildung 6.19).

*Abbildung 6.19: Plasmazündstromdichte i_{Plasma} ist bis zur Schwellenstromdichte linear zur gezünde-
ten Fläche $A_{ignited}$. Betriebparameter in Tabelle 4.1*

Die eingezeichneten Fehlerbalken kennzeichnen die Standardabweichung aus 20 Einzelaufnahmen. Die Schwellenstromdichte beträgt:

$$\hat{\imath}_{Plasma} = 10,4\,\frac{mA}{cm^2} \tag{6.3}$$

Die Schwellenstromdichte liegt damit, für den denselben Xenondruck, unter den Stromdichten des adaptiven Betriebsgerätes ($\hat{\imath}_{Plasma} = 27\ \mathrm{mA/cm^2}$ für $t_{Puls} = 500$ ns). Durch die angepasste Pulsform und die kurze Pulsdauer kann demnach die Schwellenstromdichte erfolgreich reduziert werden.

6.3.5 Deutung der Schwellenstromdichte

Die Ausbildungsformen der Entladung wurden durch Kurzzeitaufnahmen einzelner Pulse gezeigt und in filamentierte, gemusterte und homogene Entladungen unterschieden. Durch eine Schwellenwertunterscheidung wird die gezündete Fläche $A_{ignited}$ ermittelt und als Verhältnis zur aktiven Elektrodenfläche eingeführt.

Der Spitzenwert des Entladungsstromes ist das wichtige Kriterium für eine flächige, homogene Entladung einer Xenon-DBE, da im Zündvorgang die Entladung maximal ausgeprägt ist. Der lineare Zusammenhang der Spitzenstromdichte mit der gezündeten Fläche zeigt die Existenz der Schwellenstromdichte deutlich. Während des Übergangs einer filamentierten in eine homogene Entladung wird die gezündete Fläche vergrößert. Die Stromdichte durch die gezündete Fläche ist dabei konstant. Die Stromdichte durch die gezündete Fläche steigt erst, wenn die Lampe homogen ist und die Fläche nicht weiter erhöht werden kann.

Die Schwellenstromdichte für homogene Entladungen erklärt hervorragend den homogenen oder filamentierten Betrieb einer DBE sowie den Übergangsbereich. Diese Erkenntnis führt auf eine deutliche Stromdichtenabhängigkeit der DBE zurück, die aus Bogenentladungen mit Elektroden ebenfalls bekannt ist und dort zur Verbreiterung des Bogens führt. Die Abhängigkeit der Schwellenstromdichte von p_{Xe} erklärt gleichzeitig die Neigung zur Filamentierung bei hohem Xenondruck.

Für die DBE muss die Stromdichte für den homogenen Betrieb vom Betriebsgerät oder einem Parallel-Kondensator bereitgestellt werden. Der bisherige Ansatz einer großen Spannungsanstiegsgeschwindigkeit kann durch die Schwellenstromdichte unterstützt und erweitert werden, da eine große Spannungsanstiegsgeschwindigkeit einem großen kapazitiven Umladestrom vor der Zündung entspricht. In Abbildung 6.12 wurde gezeigt, dass eine homogene Entladung auch bei einer kleineren Spannungsanstiegsgeschwindigkeit erreicht werden kann. Aus diesem Grunde ist eine Synchronisation der einzelnen Filamente mit steigender Spannungsanstiegsgeschwindigkeit nicht schlüssig.

Es wurde exemplarisch gezeigt, dass eine Rückzündung der DBE die notwendige Stromdichte verringert. In anderen Worten unterstützt die Rückzündung eine homogene Entladung und es wurden in dieser Arbeit vergleichbare Ergebnisse gefunden wie (Somekawa et al. 2005) für Ne-, N_2- und N_2/O_2-Plasmen zeigen. Während der Rückzündung sind Anode und Kathode zur ersten Zündung vertauscht und die Zündrichtung ist zur ersten Zündung umgekehrt. Erneut wird Wirkleistung in die Entladung eingekoppelt. Diese Wirkleistung ist als Blindleistung auf der Lampenkapazität gespeichert. Die nach der Zündung auf den Barrieren verbleibenden Restladungen überlagern das elektrische Feld und die nächste Zündung setzt im filamentierten Betrieb bevorzugt am gleichen Ort wieder ein (Xu et al. 1998). Durch die Rückzündung kann eine gleichmäßigere Verteilung der Restladungen auf den Barrieren erreicht werden. Hierdurch entstehen weniger oder keine bevorzugenden Ansatzpunkte für einzelne Filamente und die Schwellenstromdichte sinkt, da diese Filamente nicht aufgeweitet werden müssen.

Die Schwellenstromdichte wird ebenfalls von dem Barrierenmaterial und der Oberfläche beeinflusst. Der Sekundärelektronenkoeffizient ist als Materialeigenschaft wichtig für die Sekundärelektronengeneration im Kathodenfall. Darüber hinaus könnte die Rekombinationsgeschwindigkeit der angesammelten Ladungen auf der Barriere ebenfalls die Schwellenstromdichte beeinflussen. Im Rahmen dieser Arbeit wurde eine höhere Schwellenstromdichte für leuchtstoffbeschichte Bereiche beobachtet, konnte aber wegen der Abklingzeit der Leuchtstoffe und der Streuung am Leuchtstoff nicht näher untersucht werden.

Die Abhängigkeit der gezündeten Fläche von der Stromdichte während der Zündung ist ein entscheidendes Kriterium für die Pulsform des Betriebsgerätes. Da der Strom vom Betriebsgerät geliefert werden muss, sollte der maximale Strom nicht zu Beginn des Pulses sondern während der Zündung geliefert werden. Vor allem bei den hart-schaltenden Topologien wird der maximale

Strom zu Beginn des Pulses und damit vor der Zündung geliefert. In den meisten Fällen nimmt der Strom dann mit Erreichen einer höheren Lampenspannung resonant ab und steht im Moment der Zündung nur eingeschränkt zur Verfügung.

Weitergehend sollte die Pulsform eine Rückzündung wenige hundert ns bis ca. 2 µs nach der ersten Zündung einleiten und unterstützen. Hierfür muss die Pulslänge kurz genug sein, um eine hohe negative Spannung u_{Gap} im Moment der Rückzündung zu erhalten. Darüber hinaus muss auch während der Rückzündung das Betriebsgerät für einen großen Stromfluss sorgen.

6.4   Erweitertes Ladungstransportmodell

Basierend auf den Kurzzeitaufnahmen aus Kapitel 6.3.4 wird das Ladungstransportmodell in diesem Kapitel um die variable gezündete Fläche $A_{ignited}$ erweitert. Das Ladungstransportmodell wurde von (Trampert 2009) vorgestellt und für den homogenen und filamentierten Betrieb mit vollflächigen Filament-Fußpunkten diskutiert. (Trampert 2009) setzt voraus, dass der Kondensator C_{charge} der Vakuumkapazität des Gasraumes C_{Gap} entspricht. C_{charge} wird als Plattenkondensator mit aktiver Fläche A und Plattenabstand gleich der Schlagweite d_{Gap} vereinfacht. Infolge der Vereinfachungen wird erstens die durchwandernde Raumladungszone während der Zündung nicht berücksichtigt. Zweitens kann der Übergang einer filamentierten Entladung in eine homogene Entladung mit steigender Stromdichte nicht beschreiben werden.

(Trampert 2009) definiert die dynamische Zündspannung des Plasmas anhand der Spannung u_{excite}. Für den Übergang von einer filamentierten zur homogenen Entladung zeigt die Zündspannung u_{excite} dabei eine Abhängigkeit zur gezündeten Fläche, wenn $C_{charge} = C_{Gap}$ angenommen wird. Die Zündspannung $\hat{u}_{excite}$, definiert als Maximalwert der Spannung u_{excite} ($C_{charge} = C_{Gap}$), ist in Abbildung 6.20 über der gezündeten Fläche aufgetragen. Die Zündspannung sinkt mit der gezündeten Fläche von maximal $\hat{u}_{excite} = 800$ V auf minimal $\hat{u}_{excite} = 60$ V. Diese Abhängigkeit der Zündspannung ergibt aus plasmaphysikalischer Sicht keinen Sinn, da die Zündspannung u_{Gap} nicht von der gezündeten Fläche abhängt.

Im Gegensatz hierzu ist die Zündspannung, definiert anhand von $\hat{u}_{Gap}$, unabhängig von der gezündeten Fläche. Die Zündspannung beträgt $\hat{u}_{Gap} \approx 1000$ V. Zum Vergleich, die Paschen-Zündspannung für metallische Elektroden liegt für den

Xenondruck p_{Xe} =125 mbar und die Schlagweite d_{Gap} = 2 mm bei ca. 850 V. Die gemessene Zündspannung einer DBE für f = 20 kHz beträgt $\hat{u}_{Gap}$ = 700 V (Merbahi et al. 2007).

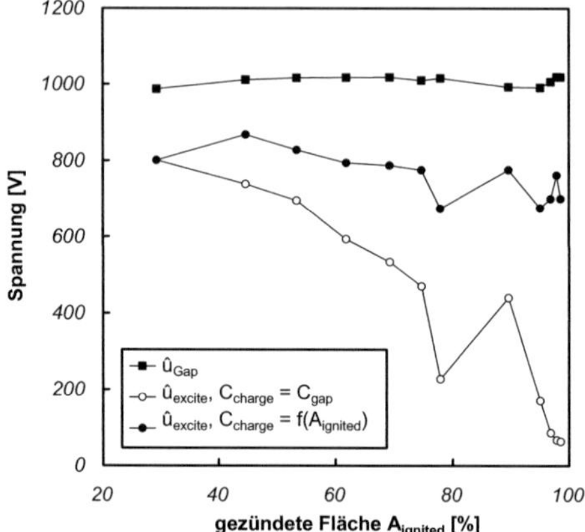

Abbildung 6.20: Dynamische Zündspannungen über der gezündeten Fläche. Zündspannungsdefinition $\hat{u}_{Gap}$ als Maximum der Spannung über dem Gasraum, und $\hat{u}_{excite}$ in Abhängigkeit von C_{charge}. Siehe Kapitel 6.3.4 für Betriebsparameter und Kurzzeitaufnahmen

Für den homogenen Betrieb ($A_{ignited}$ = 95 %) wird in den zeitaufgelösten Darstellungen der Spannungen u_{excite} und u_{charge} in Abbildung 6.21 deutlich, dass u_{charge} zum Zündzeitpunkt t = 500 ns übergewichtet ist. Die Spannung u_{charge} steigt vor der Zündung ab t = 0,2 μs durch einen Plasmastrom an (i_{Plasma} < 2 mA/cm^2) und übersteigt nach der Zündung die über dem Gasraum anliegende Spannung u_{Gap}.

(Trampert 2009) beschreibt daher die Wichtigkeit einer exakten Messung der inneren Größen. In dieser Arbeit wird derselbe Aufbau zur Messung der inneren Größen verwendet und in Kapitel 7.2 gezeigt, dass der Plasmastrom vor der Zündung mit der Repetitionsrate aufgrund der Restladungsträgerdichte steigt. Der Plasmastrom vor der Zündung ist also frequenzabhängig und nicht allein auf Toleranzen im Abgleich des Koppelkondensators C_p zu C_{DBE} zurückzuführen. Die Plasmastromdichte vor der Zündung erklärt die Übergewichtung von u_{charge} nicht.

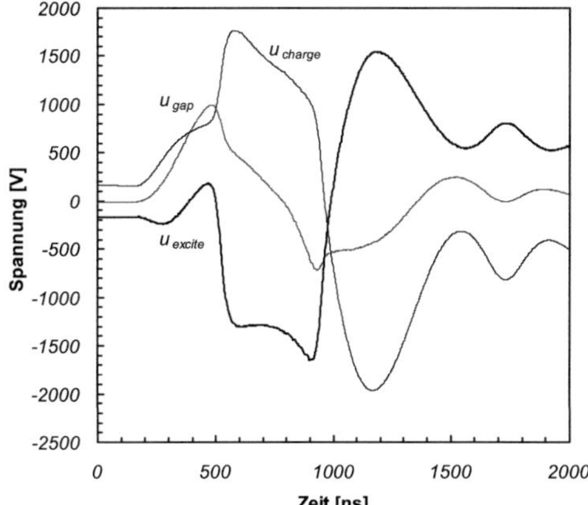

Abbildung 6.21: u_{Gap}, u_{excite} und u_{charge} für den homogenen Betrieb der DBE für $C_{charge} = C_{Gap}$. u_{excite} ist untergewichtet, der Zündverlauf wird nicht wiedergegeben. $A_{ignited} = 95\%$. Siehe Kapitel 6.3.4 für Betriebsparameter und Kurzzeitaufnahmen

Das Absinken der Zündspannung für $C_{charge} = C_{Gap}$ in Abbildung 6.20 kann folglich mit zunehmender gezündeter Fläche erklärt werden, da der Plasmastrom mit der Fläche $A_{ignited}$ zunimmt und über C_{charge} eine größere Spannung abfällt. Die Spannung u_{excite} wird demzufolge untergewichtet und spiegelt die tatsächliche Zündspannung nicht wieder. Dies wird unterstützt, da u_{excite} im Moment der Zündung die Polarität wechselt. Hierbei müsste die Entladung erlöschen.

Während der Rückzündung bei $t = 940$ ns zündet die Entladung bei einer Gapspannung von $u_{Gap} = -700$ V. Im Gegensatz hierzu würde die Entladung bei $u_{excite} = -1650$ V zünden. Diese Spannung ist zu groß für eine Zündung im vorionisierten Plasma.

Die homogene Ausbildungsform der Entladung aus Abbildung 6.21 wurde mit Kurzzeitaufnahmen bestätigt. Hieraus wird gefolgert, dass C_{charge} nicht über die Fläche, sondern nur über einen reduzierten Plattenabstand d_{Fall} vergrößert werden kann. Dies stimmt mit den Simulationen der Raumladungszone aus Kapitel 4.1 überein.

In dem erweiterten Ladungstransportmodell wird C_{charge} aus der zeitaufgelösten Leistung p_{excite} bestimmt, indem $p_{excite}(t)$ gegen $p_{excite} > 0$ iteriert wird (Gleichung (4.22)). Da sowohl C_{charge} und als auch R_{excite} in dem erweiterten Ladungstransportmodell von dem Plasmastrom i_{Plasma} durchflossen werden,

werden die Leistungen p_{excite} und p_{charge} von C_{charge} bestimmt. Steigt C_{charge}, so sinkt die Spannung u_{charge} und die Spannung u_{excite} steigt (Gleichung (4.13)).

Die Strom- und Spannungsmessung erfolgt oszilloskopisch. Hieraus folgt für die Leistungsmessung eine Messunsicherheit, die auf 9% des maximalen Messbereichs abgeschätzt wird. Als praktikabel erweist sich deshalb ein Abbruch der iterativen Bestimmung von C_{charge}, wenn der Momentanwert von p_{excite} gegen die Messunsicherheit, multipliziert mit der maximalen Leistung p_{excite}, geht. Dieses Vorgehen ist numerisch stabil.

Die gezündete Fläche wird für filamentierte Entladungen, homogene Entladungen und ihre Zwischenformen korrekt berücksichtigt, wenn $C_{charge} = \mathrm{f}(A_{ignited})$ linear zur gezündeten Fläche ist.

Für den in Abbildung 6.22 gezeigten homogenen Betrieb entspricht C_{charge} der 2,6-fachen Kapazität von C_{Gap}. Den berechneten Spannungen u_{charge} und u_{excite} liegen die Messungen der inneren Größen zu Grunde, die auch für das Ladungstransportmodell in Abbildung 6.21 verwendet wurden. Damit kann das Ladungstransportmodell direkt mit dem erweiterten Ladungstransportmodell verglichen werden. Mit dem Wert $C_{charge} = 2{,}6\,C_{Gap}$ ist u_{charge} vor der ersten Zündung geringer und u_{excite} gibt die erste Zündung des Plasmas korrekt wieder. Die Zündspannung der ersten Zündung beträgt $\hat{u}_{excite} = 660$ V und sinkt im Moment der Zündung auf $p_{excite} < 100$V, gleichzeitig steigt die Spannung u_{charge}. Durch die Ausbildung der Raumladungszone fällt ein Großteil der Spannung nach der Zündung über u_{charge} ab und u_{excite} kann nach der Zündung nicht als Brennspannung definiert werden. Die Brennspannung der Glimmentladung entspricht der über dem gesamten Gasraum anliegenden Spannung u_{Gap}.

Die Rückzündung wird ebenfalls qualitativ richtig von dem erweiterten Ladungstransportmodell wiedergegeben. Die Rückzündung liegt jedoch mit $u_{excite} \approx -1040$ V über der Zündspannung der ersten Zündung. Hier zeigt sich die vereinfachte Annahme eines konstanten Kondensators C_{charge}. Wie aus der Simulation in Kapitel 4.1 hervorgeht, bewegt sich die Raumladungszone in Richtung Kathode. Die Kapazität von C_{charge} sollte also mit Durchbruch der Entladung ansteigen. Dieses Verhalten wird von einer zeitlich konstanten Kapazität nicht nachgebildet und führt zu einer Überschätzung der Spannung u_{excite}.

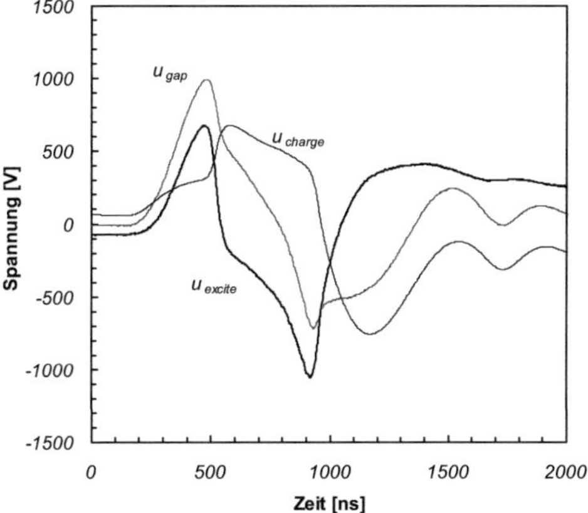

Abbildung 6.22: u_{Gap}, u_{excite} und u_{charge} für den homogenen Betrieb der DBE. u_{excite} und u_{charge} berechnet mit dem erweiterten Ladungstransportmodel für $C_{charge} = 2{,}6$ C_{Gap}. u_{excite} spiegelt den Zündverlauf wieder. Siehe Kapitel 6.3.4 für Betriebsparameter und Kurzzeitaufnahmen

Die nach dem erweiterten Ladungstransportmodell berechnete Zündspannung $\hat{u}_{excite}$ ($C_{charge} = \mathrm{f}(A_{ignited})$) ist zum Vergleich in Abbildung 6.20 eingezeichnet. Die Zündspannung schwankt nur noch gering mit der gezündeten Fläche im Bereich 670 V $< \hat{u}_{excite} <$ 870V und liegt im Bereich der von (Merbahi et al. 2007) publizierten Werte. Bedingt durch die Messunsicherheit und die zeitlich konstante Kapazität ist die Bestimmung der Zündspannung über $\hat{u}_{excite}$ nur qualitativ möglich. Eine quantitative Aussage müsste das Durchlaufen der RLZ mit einem zeitabhängigen Kondensator $C_{charge}(t)$ beschreiben. Aus diesem Grunde wird die tatsächlich anliegende Spannung $\hat{u}_{Gap}$ als Zündspannungsdefinition beibehalten.

Eine weitere Fehlerquelle stellt das Abbruchkriterium der Iteration dar. In dieser Arbeit wurde die Messunsicherheit als Abbruchkriterium definiert, da Änderungen in der Größe der Messunsicherheit vor allem für den gepulsten Betrieb nicht aussagekräftig sind. Der Einfluss der Messunsicherheit als Abbruchkriterium wurde untersucht und das Abbruchkriterium hierfür im Bereich 6 % bis 12 % der maximalen Leistung p_{excite} variiert. Die resultierende Kapazität von C_{charge} ist zur besseren Übersicht auf C_{Gap} bezogen und in Abbildung 6.23 über der gezündeten Fläche dargestellt.

Es kann Abbildung 6.23 entnommen werden, dass C_{charge} linear zur gezündeten Fläche ist. Damit wird bestätigt, dass C_{charge} über einen Plattenkondensator mit variabler Fläche beschrieben werden kann.

Die Fehlerbalken kennzeichnen den Toleranzbereich von C_{charge} durch die Variation der Messunsicherheit um die vorhergehend definierte Messunsicherheit von 9 %. Der berechnete Toleranzbereich von C_{charge} ist für den filamentierten Fall mit einer $A_{ignited} < 95\,\%$ gering. Erst für $A_{ignited} > 95\,\%$ kann die momentane Blindleistung in p_{excite} bei $t = 1100$ ns nicht durch eine Vergrößerung von C_{charge} reduziert werden. Die verbleibende momentane Blindleistung führt zu einer starken Abhängigkeit von C_{charge} mit dem Abbruchkriterium. In diesem Fall ist die Methode zur Bestimmung von C_{charge} über p_{excite} nicht geeignet und sollte besser mit einer zeitlich veränderlichen Kapazität $C_{charge}(t)$ beschrieben werden. Dies würde den Umfang dieser Arbeit jedoch übersteigen.

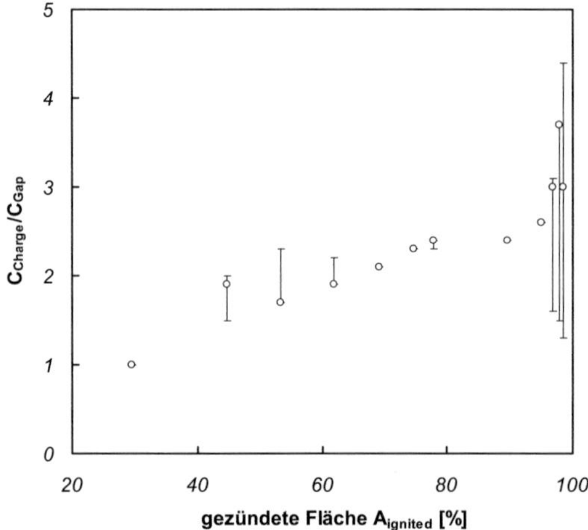

Abbildung 6.23: Linearer Anstieg des Verhältnisses C_{charge} zu C_{Gap} mit der gezündeten Fläche für den Übergang einer filamentierten in eine homogene Entladung und eine Messunsicherheit von 9 %. Die Fehlerbalken kennzeichnen den Toleranzbereich für eine Messunsicherheit zwischen 6 % und 12 %. Siehe Kapitel 6.3.4 für Betriebsparameter und Kurzzeitaufnahmen

Ungeachtet der Unsicherheit in der Bestimmung von C_{charge} zeigt sich durch den variablen Kondensator $C_{charge} = f(A_{ignited})$ eine qualitativ richtige Beschreibung der Zündspannung und Leistung p_{excite}.

Der Unterschied $C_{charge} = C_{Gap}$ zu $C_{charge} = 2,6\ C_{Gap}$ wird exemplarisch gezeigt. In Abbildung 6.24 werden die Lampenspannung u_{Lampe}, die Plasmaleistung p_{Plasma} und die Leistung p_{excite} über der Zeit dargestellt. Anhand der zwei lokalen Maxima der Plasmaleistung p_{Plasma} kann die erste Zündung ($t = 500$ ns) und die Rückzündung ($t = 950$ ns) identifiziert werden. Für $C_{charge} = C_{Gap}$ zeigt sich eine deutliche Diskrepanz zwischen p_{Plasma} und p_{excite}. In p_{Plasma} wird in beiden Zündungen eine positive Leistung eingekoppelt, während p_{excite} für die erste Zündung deutlich negative Werte annimmt. Die Leistung p_{excite} zeigt in dieser Zündung ein Quellenverhalten, woraus geschlossen werden kann, dass noch ein Blindanteil überlagert ist und die Kapazität von C_{charge} zu gering ist.

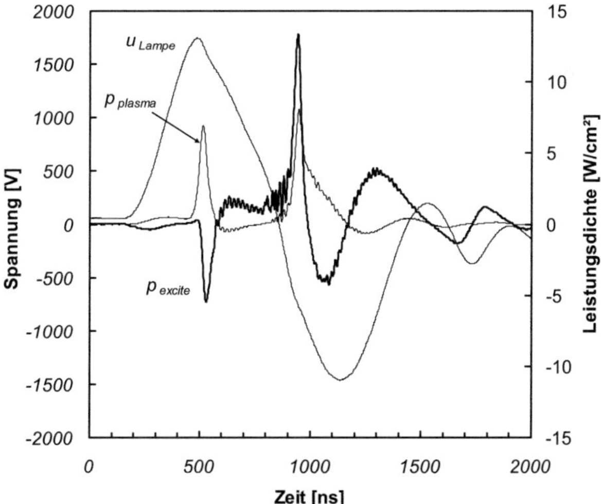

Abbildung 6.24: u_{Lampe}, p_{excite} und p_{Plasma} *für den homogene Betrieb berechnet für* $C_{charge} = C_{Gap}$. p_{excite} *beschreibt den Zündverlauf qualitativ falsch, da in der ersten Zündung noch Quellencharakter vorliegt. Siehe Kapitel 6.3.4 für Betriebsparameter und Kurzzeitaufnahmen*

Die nach dem erweiterten Ladungstransportmodell berechnete Kapazität von C_{charge} beträgt die 2,6-fache Kapazität von C_{Gap}. Die berechnete Leistung p_{excite} zeigt während der ersten Zündung und der Rückzündung Lastverhalten (Abbildung 6.25). Die Momentanleistung der Rückzündung übersteigt die Momentanleistung der ersten Zündung. Dieses Verhalten wird auch von zeitaufgelösten NIR-Emission der Lampe bestätigt. Damit stimmt der Verlauf von

p_{excite} qualitativ gut mit p_{Plasma} überein. Im Mittel entspricht der Leistungsumsatz in p_{excite} genau der ins Plasma eingekoppelten Wirkleistung. Der Leistungsumsatz p_{charge} ist mittelwertfrei und beschreibt somit eine ideale kapazitive Last.

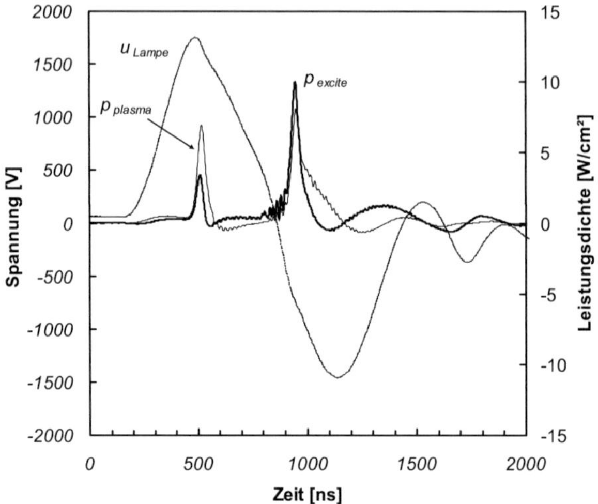

Abbildung 6.25: u_{Lampe}, p_{excite} und p_{Plasma} für den homogenen Betrieb der DBE berechnet für das erweiterte Ladungstransportmodell ($C_{charge} = 2{,}6\ C_{Gap}$), p_{excite} stimmt für die erste Zündung und Rückzündung mit p_{Plasma} überein. Siehe Kapitel 6.3.4 für Betriebsparameter und Kurzzeitaufnahmen

Zusammenfassend kann gezeigt werden, dass der berechnete Verlauf von u_{excite}, u_{charge} und p_{excite} mit denen bereits von (Trampert 2009) vorgestellten Messungen übereinstimmt. Das erweiterte Ladungstransportmodell erlaubt damit für filamentierte und gemusterte Entladungen mit unbekannter gezündeter Fläche eine qualitative Aussage über Energieverteilung während der Zündung und Restladungsträgerdichte. Durch die Erweiterung auf filamentierte und gemusterte Entladungen und die Methode zur Bestimmung von C_{charge} beschreibt p_{excite} die reine Wirkleistungskomponente des Plasmas in einem zeitlich veränderlichen Widerstand R_{excite}. Dabei wird das Quellenverhalten in C_{charge} symbolisiert und R_{excite} zeigt zu keiner Zeit Quellenverhalten.

6.5 Effizienzsteigernde Mittel

Die Effizienz einer Gasentladungslampe ist neben der elektrischer Leistung und der Farbwiedergabe ein Schlüsselkriterium für die Auswahl einer geeigneten Lichtquelle. Die Effizienz und Verluste einer Xenon-Excimer-DBE werden aus diesem Grunde an der Laborlampe aufgezeigt und eine Optimierung des gepulsten Betriebes vorgeschlagen.

Die erreichte Plasma-Effizienz einer Xenon-Excimer-DBE ist, wie eingangs in Kapitel 2.5 diskutiert, vom Druck und der elektrischen Anregungsart abhängig. Eine weitere Übersicht über die erreichbare Plasma-Effizienz liefern die Simulationen von (Oda et al. 2000) für verschiedene Pulsformen. Verglichen werden eine bipolare trapezförmige Pulsform und eine bipolare sinusförmige Pulsform mit spannungsfreien Pausen. Dabei wurde gezeigt, dass der primäre Faktor zur Effizienzsteigerung für trapezförmige Pulsformen die Spannungsanstiegszeit und für sinusförmige Pulsform das Puls-Pausenverhältnis ist.

Hohe Plasma-Effizienzen werden im Pulsbetrieb mit Pulsweiten von 150 ns (Mildren et al. 2001a) bis 200 ns (Beleznai et al. 2008a) erreicht. Beleznai weist durch Simulationen auf Verluste in der Glimmphase und die Effizienzsteigerung durch kurze Pulse hin. Kurze Pulse stoppen demnach die Entladungsentwicklung nach der Zündung und reduzieren so die Ionen-Erwärmung signifikant. Argumente hierfür liefern die folgenden experimentellen Untersuchungen, die bereits in (Paravia et al. 2008a) veröffentlicht wurden.

6.5.1 Pulsdauer

Die Energieverteilung einer Xenon-Excimer-DBE wird experimentell durch Variation der Pulslänge im gepulsten Betrieb und Vergleich mit einer sinusförmigen Anregung untersucht. Basierend auf der Messung der inneren Größen wird die Energiedichte der Zündungen von der Energiedichte in der Glimmphase separiert. Aus den separierten Energiedichten wird mit dem Lichtstrom der Lampen ein »theoretischer« Wirkungsgrad berechnet, in dem der Lichtstrom den Zündphasen der DBE zugeordnet wird. Da eine Separierung der Excimerstrahlung in Zünd- und Glimmphase aufgrund der Xe_2^*-Abklingzeit experimentell nicht möglich ist, muss die während der Glimmphase erzeugte Xe-Anregung vernachlässigt werden. Diese Vereinfachung basiert auf (Beleznai et al. 2008a), da bereits durch Simulation die hohen Verluste in der Glimmphase aufzeigt wurden. Es wird in dieser Arbeit experimentell gezeigt, dass diese Vereinfachung gerechtfertigt ist, da die Lampeneffizienz und der theoretische Wirkungsgrad sehr gut korrelieren. Daraus wird abgeleitet, dass die DBE nur während der Zündung effizient Strahlung erzeugt.

Für die Untersuchung wurde eine abgeschlossene Flachlampe mit einem Xenonpartialdruck p_{Xe} = 125 mbar und einer aktive Fläche A = 22,3 x 22,3 cm^2 verwendet. Der Aufbau der Flachlampe entspricht dem der Laborlampe. Die Flachlampe wird an dem resonanten Puls-Betriebsgerät betrieben und eine Variation der Pulslänge über die Änderung der Drosselinduktivität erreicht. Die Pulsform und die Repetitionsrate f = 40 kHz bleibt aufgrund des resonanten Prinzips unverändert. Für den Vergleich mit der sinusförmigen Anregung wird das in Abbildung 5.1 gezeigte Sinus-Betriebsgerät verwendet. Die Frequenz der sinusförmigen Spannung beträgt f = 40 kHz, der Effektivwert der Lampenspannung U_{rms} = 930 V.

In Abbildung 6.26 ist die Lampenspannung, die Plasmaleistung und die emittierte NIR-Strahlung der Relaxation $Xe^{**} \rightarrow Xe^{*}$ über der Zeit dargestellt. Im gepulsten Betrieb mit einer Pulsbreite t_{Puls} = 2,8 µs (Abbildung 6.26a) zündet die Lampe zweifach, während die Lampe im Sinusbetrieb im Einfachzündbereich betrieben wird. Deutlich zu erkennen ist die NIR-Emission in den Glimmphasen nach der Zündung (Rückzündung) bis zum Zeitpunkt der maximalen (minimalen) Lampenspannung. In der Glimmphase unterhält der von Betriebsgerät eingeprägte Strom die Glimmentladung (p_{Plasma} > 0 mW/cm^2). Zum Zeitpunkt der maximalen (minimalen) Lampenspannung kommutiert der Lampenstrom und das Plasma erlischt. Die NIR-Emission korreliert sowohl während der Zündung als auch in der der Glimmphase für die gepulsten und sinusförmige Anregung mit der Plasmaleistung p_{Plasma}. Für die exemplarisch gezeigte Messung wurde eine Lampeneffizienz von η_{Lampe} = 16,5 lm/W bei einer Leuchtdichte von L = 2050 cd/m^2 für den gepulsten Betrieb erreicht. Die elektrische Leistungsdichte im Pulsbetrieb ist P_{Plasma} = 62 mW/cm^2.

Für die sinusförmige Anregung wurde bei einer geringen Leuchtdichte von L = 1200 cd/m^2 eine Lampeneffizienz η_{Lampe} = 19 lm/W erreicht. Die elektrische Leistungsdichte beträgt P_{Plasma} = 33 mW/cm^2. Damit sei bereits gezeigt, dass die Lampeneffizienz nicht zwingend durch den gepulsten Betrieb steigt.

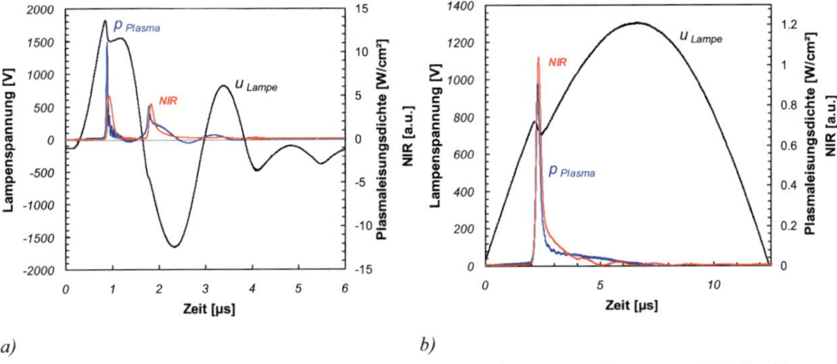

a)   b)

Abbildung 6.26: Lampenspannung u$_{Lampe}$, Plasmaleistungsdichte p$_{Plasma}$ und emittierte NIR-Strahlung für a)gepulsten Betrieb am resonanten Betriebsgerät (t$_{Puls}$ = 2,8 µs) b) bei sinusförmiger Anregung In beiden Betriebsarten wird eine Glimmentladung nach der Zündung bis zur Stromkommutierung unterhalten. p$_{Xe}$ = 125 mbar, f = 40 kHz

Im Pulsbetrieb ist die Lampeneffizienz von der Pulsänge abhängig. Mit der Pulslänge steigen der zeitliche Abstand zwischen erster Zündung und Rückzündung und die Glimmphasendauer nach den Zündungen. Im Folgenden wird die Pulslänge im Bereich 1µs $\leq t_{Puls} \leq$ 5,1 µs über die Induktivität der Drossel variiert (L = 1,35H bis 22,5 µH). Die Zwischenkreisspannung U_{DC} = 300 V, Lampe und Transformator $\ddot{u}$ = 6 sind unverändert. Die Schaltzeiten des Betriebsgerätes wurden für die jeweilige Pulsdauer angepasst. Die maximale Lampenspannung liegt im Bereich $\hat{u}_{Lampe}$ = 1,5 – 2,0 kV. Die elektrische Leistungsdichte liegt im Bereich p_{Plasma} = 50 – 66 mW/cm^2.

Abbildung 6.27 zeigt die erreichte Leuchtdichte und Plasmaleistungsdichte über der Pulsdauer t_{Puls}, sowie die Lampeneffizienz. Für eine Pulsdauer von t_{Puls} = 2,8 µs beträgt die maximale Plasmaleistungsdichte P_{Plasma} = 66 mW/cm^2. Für t_{Puls} > 2,8 µs sinkt die Plasmaleistungsdichte und die Leuchtdichte und die Effizienz steigt geringfügig von η_{Lampe} = 16,5 lm/W auf η_{Lampe} = 17,4 lm/W.

Von Bedeutung ist der Bereich t_{Puls} < 2,8 µs. Hier sinkt die Plasmaleistungsdichte mit der Pulslänge bei steigender Leuchtdichte. Es wird also effizienter Strahlung erzeugt. Die Lampeneffizienz steigt auf η_{Lampe} = 26,7 lm/W. In einer weiteren Untersuchung wurde die Pulslänge ohne Parallel-Kondensator, mit einem niedriger übersetzten Transformator ($\ddot{u}$ = 4) und höherer Zwischenkreisspannung auf t_{Puls} = 0,6 µs verkürzt. Die Lampeneffizienz stieg auf 30,5 lm/W bei einer Leuchtdichte von L = 3000 cd/m^2. Durch den fehlenden Parallel-

Kondensator konnten die inneren Größen der DBE nicht erfasst werden, weshalb diese Messung folgend nicht betrachtet werden kann.

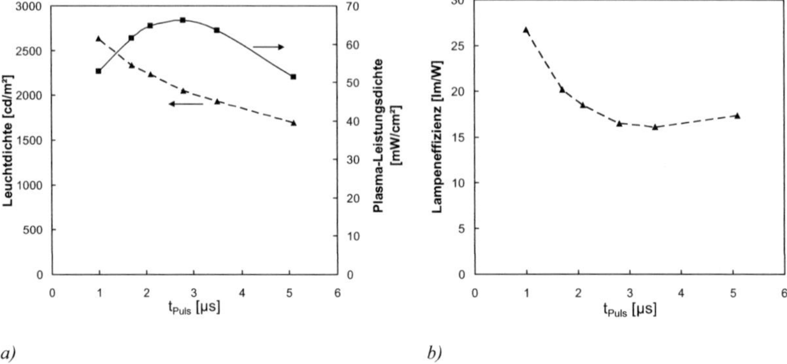

a)   b)

Abbildung 6.27: Flachlampe betrieben am resonanten Puls-Betriebsgerät a) Leuchtdichte und Plasmaleistungsdichte über Pulslänge t_{Puls}. Die Leuchtdichte fällt monoton mit der Pulslänge. Für Pulse kürzer $t_{Puls} < 3\ \mu s$ sinkt die Leistungsdichte und die Lampeneffizienz steigt. b) Lampeneffizienz über Pulslänge. $p_{Xe} = 125\ mbar$, $f = 40\ kHz$

Exemplarisch für eine Pulsdauer $t_{Puls} = 2{,}8\ \mu s$ sind die Plasmaleistungsdichte und die Plasma-Energiedichte e_{Plasma}, das zeitliche Integral über p_{Plasma}, in Abbildung 6.28 über der Zeit t dargestellt. Die Zündungen sind an den lokalen Maxima der Leistungsdichte bei $t = 0{,}9\ \mu s$ und $t = 1{,}8\ \mu s$ erkennbar. Gleichzeitig weist die Plasma-Energiedichte im Zündzeitpunkt die größte Steigung auf. Nach der Zündung ist die verlustbehaftete Glimmphase der DBE bis zur Stromkommutierung erkennbar ($p_{Plasma} > 0$). Ausgeprägter ist die Glimmphase nach der Rückzündung. Hier schwingt der Resonanzkreis des resonanten Puls-Betriebsgerätes auf und prägt den transformierten Drosselstrom ein.

In dem einfachen Ersatzschaltbild, das der Messung der inneren Größen zugrunde liegt, wird die Plasmaleistung nach der Glimmphase kurzzeitig negativ. In dieser Phase schwingt der Resonanzkreis aus und die Plasmaimpedanz Z_{Plasma} zeigt bei $t = 1{,}3\ \mu s$ und $t = 2{,}6\ \mu s$ Quellenverhalten.

Eine weitere, verlustreiche Leistungseinkopplung im restionisierten Plasma erfolgt zwischen $t = 2{,}9 - 3{,}5\ \mu s$.

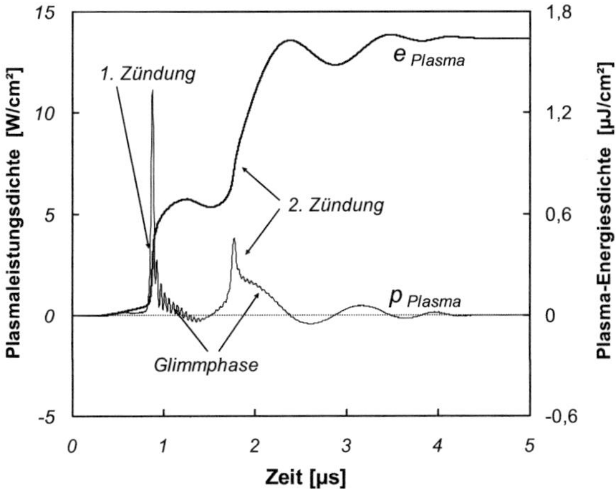

Abbildung 6.28: Plasmaleistungsdichte p_{Plasma} und Plasma-Energiedichte e_{Plasma} über der Zeit für eine Flachlampe betrieben am resonanten Puls-Betriebsgerät. Pulsform: siehe Abbildung 6.26a

Über e_{Plasma} kann die eingekoppelte Energiedichte in eine Energiedichte der ersten Zündung $E_{Zündung1}$ und eine Energiedichte der Rückzündung $E_{Zündung2}$ aufgeteilt werden. Hierzu wurde durch Tangentenbildung die Zündungsenergiedichte bestimmt. Alternativ könnte die Energiedichte der Zündung auch über die Zündzeitpunkte und die Zünddauer bestimmt werden.

Aufgrund der identischen Zündmechanismen werden die Energiedichten der ersten Zündung und Rückzündung zur Zündenergiedichte $E_{Zündung}$ zusammengefasst.

$$E_{Zündung} = E_{Zündung1} + E_{Zündung2} \tag{6.4}$$

In Abbildung 6.29 sind die Energiedichten der ersten Zündung und Rückzündung skizziert. Da die Energie in das Plasma innerhalb einer Periode nur in dem Puls eingekoppelt wird, stellt die maximale Energiedichte E_{Plasma} die Gesamtenergiedichte dar. Abbildung 6.29 ist weiter zu entnehmen, dass die Energiedichten $E_{Zündung1}$ und $E_{Zündung2}$ mit sinkender Pulsdauer zunehmen.

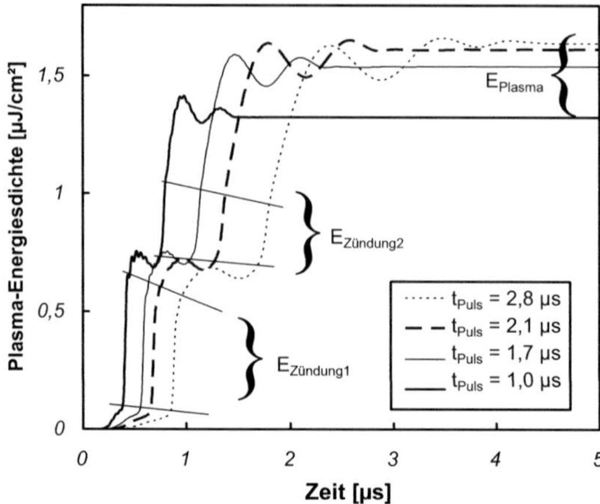

Abbildung 6.29: Aufteilung der Plasma-Energiedichte in die Energie der ersten Zündung $E_{Zündung1}$ und die Energie der Rückzündung $E_{Zündung2}$. Die Gesamtenergie wird mit E_{Plasma} bezeichnet.

Die Zündenergiedichte $E_{Zündung}$ ist in Abbildung 6.30 mit der Gesamtenergiedichte E_{Plasma} über der Pulsdauer aufgetragen. Im gepulsten Betrieb steigt mit kürzerer Pulslänge die Zündenergiedichte von $E_{Zündung} = 0{,}5$ µJ/cm² monoton auf $E_{Zündung} = 0{,}85$ µJ/cm², da der Plasmaspitzenstrom mit dem Umladestrom des Betriebsgerätes zunimmt. Für $t_{Puls} < 2{,}8$ µs werden die Glimmphasen nach der Zündung und Rückzündung mit kürzerer Pulslänge minimiert und die Gesamtenergiedichte sinkt. Für $t_{Puls} > 2{,}8$ µs sinkt die Gesamtenergiedichte aufgrund der sinkenden Zündenergiedichte. Für die sinusförmige Anregung wird die Periodendauer als Pulsdauer definiert, da die DBE im Einfachzündbereich in beiden Halbschwingungen zündet. Die Zündenergiedichte für die sinusförmige Anregung beträgt $E_{Zündung} = 0{,}4$ µJ/cm².

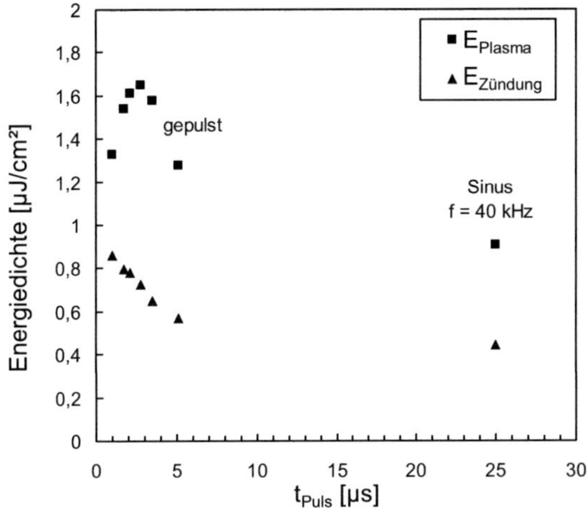

Abbildung 6.30: Zündenergiedichte E$_{Zündung}$ und Gesamtenergiedichte des Plasmas E$_{Plasma}$ für den gepulsten Betrieb mit variierter Pulslänge und den sinusförmigen Betrieb. Der Anteil der Zündenergiedichte an der Gesamtenergiedichte steigt mit sinkender Pulslänge.

Für die sinusförmige, wie die gepulste Anregung wird die Zündenergiedichte in Abbildung 6.31 mit der Leuchtdichte verglichen. Die Zündenergiedichte zeigt eine sehr gute Korrelation mit der Leuchtdichte für den gepulsten Betrieb und eine gute Korrelation für den sinusförmigen Betrieb auf. Aufgrund der Proportionalität der Leuchtdichte L mit dem Lichtstrom Φ zeigt Abbildung 6.31 die experimentell ermittelte Korrelation:

$$\Phi \propto E_{Zündung} \tag{6.5}$$

Hieraus kann gefolgert werden, dass die in den Zündphasen eingekoppelte Energie in Strahlung umgewandelt wird. Diese Folgerung ist gerechtfertigt, da die Xe-Anregung in der Glimmphase vernachlässigt wurde. Es ist jedoch anzumerken, dass die Folgerung keinen Beweis sondern lediglich Argumente für die Leistungsdichte- und Effizienzsteigerung im Pulsbetrieb liefert (Paravia et al. 2008a).

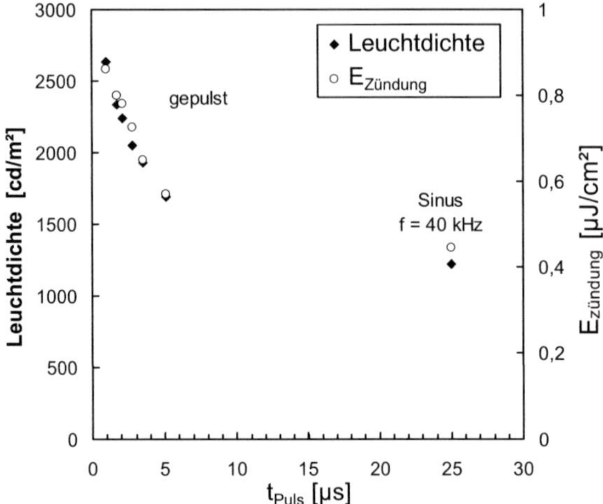

Abbildung 6.31: Vergleich der Zündenergiedichte $E_{Zündung}$ mit der Leuchtdichte für den gepulsten Betrieb mit variierter Pulslänge und den sinusförmigen Betrieb.

Die Lampeneffizienz η_{Lampe} wird aus dem Verhältnis Lichtstrom zur Lampen-leistung berechnet. Entsprechend kann die Lampeneffizienz η_{Lampe} mit der theoretischen Lampeneffizienz gebildet aus dem Verhältnis von $E_{Zündung}$ zu E_{Plasma} verglichen werden. Dies ist in Abbildung 6.32 über der Pulsdauer dargestellt. Wie entnommen werden kann, korreliert die Lampeneffizienz für den gepulsten Betrieb und für den sinusförmigen Betrieb sehr gut mit der theoretischen Lampeneffizienz. Analog zu Gleichung (6.5) kann die ermittelte Korrelation wie folgt zusammengefasst werden:

$$\eta_{Lampe} \propto \frac{E_{Zündung}}{E_{Plasma}} \tag{6.6}$$

Es wird also gezeigt, dass die in den Zündungen der DBE eingekoppelte Ener-gie effizient in Strahlung umgesetzt wird. Dagegen erzeugt die in der Glimm-phase eingekoppelte Energie Strahlung nur ineffizient. Zusammenfassend können die ermittelten Korrelationen L zu $E_{Zündung}$ und Lampeneffizienz zum Verhältnis $E_{Zündung}/E_{Plasma}$ zur Optimierung der Pulsform und zur Anpassung des Betriebsgerätes auf die Lampe genutzt werden. Dies wird im nächsten Kapitel diskutiert.

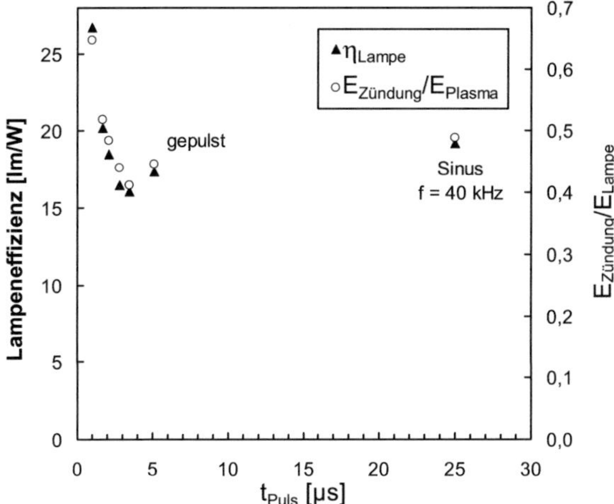

Abbildung 6.32: Vergleich der Lampeneffizienz η_{Lampe} mit dem Verhältnis von Zündenergiedichte $E_{Zündung}$ zur Plasma-Energiedichte E_{Plasma}.

6.5.2 Minimierung der Glimmverluste

Der gepulste Betrieb einer DBE kann zu einer Effizienzsteigerung bei gleichzeitiger Erhöhung der Leistungsdichte im Vergleich zur sinusförmigen Anregung führen. Jedoch ist die Pulsform und Pulsdauer von entscheidender Bedeutung. Durch die Separierung der Zündenergiedichte $E_{Zündung}$ von der Gesamtenergiedichte E_{Plasma} kann experimentell auf die Strahlungserzeugung rückgeschlossen werden, auch wenn die Strahlung nicht zeitaufgelöst messbar ist. Die Korrelation der Zündenergiedichte mit dem Lichtstrom und der Lampeneffizienz zeigt, dass das Xenon während der Zündung effizient angeregt wird. Wichtig hierfür ist eine ausreichend hohe mittlere Elektronenergie, die nur über die hohe Feldstärke im Zündmoment erreicht werden kann. In der anschließenden Glimmphase beginnt die Thermalisierung des Plasmas. Diese Phase ist in Bezug auf die Strahlungserzeugung ineffizient und sollte vermieden werden. Daraufhin können folgenden Richtlinien für den effizienten, gepulsten und homogenen Betrieb einer DBE aufgestellt werden:

1. Für den homogenen Betrieb muss die Stromdichte während der Zündung mindesten die Schwellenstromdichte betragen (vgl. Kapitel 6.3). Ein drosseldominiertes Betriebsgerät mit Stromquellencharakter kann die

kurze maximale Schwellenstromdichte aufgrund der Trägheit der Drossel nicht direkt liefern. Wird die Stromdichte über einen erhöhten resonanten Umladestrom erhöht, steigen die Verluste in der Glimmphase, da ein Strom nach der Zündung eingeprägt wird. Vorteilhafter ist die Verwendung eines Kondensators parallel zur Lampe, da dieser nur während der Zündung aufgrund der kurzzeitigen negativen Spannungsänderung einen Pulsstrom zur Verfügung stellt. Gleiches gilt für ein Betriebsgerät mit Spannungsquellencharakteristik im Moment der Zündung.

2. Die maximale Spannung über der DBE sollte im Zündmoment der Lampe erreicht werden. Ein nachfolgender erneuter Spannungsanstieg zeigt das fortwährende Bestehen einer Glimmentladung aufgrund des eingeprägten Lampenstroms. Gleichzeitig sollte die Spannung nach der Zündung schnellstmöglich umgepolt werden, um die Glimmphase zu verkürzen und die Rückzündung der DBE einzuleiten.

3. Die Rückzündung fördert die Homogenität einer DBE. Während der Rückzündung kann auch mit einer Leistung $p_{Lampe} > 0$ effizient Leistung eingekoppelt werden. Da auch nach der Rückzündung eine Glimmentladung bestehen bleibt, muss diese Glimmphase ebenfalls kurz ausfallen.

4. Nach der Glimmphase der Rückzündung kann im Plasma durch die hohe Ladungsträgerdichte ein Stromfluss in positive und negative Stromrichtung fließen. Dabei wird erneut eine Glimmentladung unterhalten und die Raumladungszone vor der jeweiligen Kathode wieder aufgebaut (vgl. Kapitel 4.1). Ein oszillierender Strom nach der Rückzündung ist deshalb verlustreich und sollte vermieden werden.

7 Steigerung der Leistungsdichte

Die Schwellenstromdichte für homogene Entladungen und die Minimierung der Glimmverluste mit einer kurzen Pulsdauer wird auf die koaxialen Hochleistungsstrahler übertragen und die erreichbare Leistungsdichte an dem resonanten Betriebsgerät in Kapitel 7.1 untersucht. Der Strahlungsfluss wird goniometrisch gemessen und die Plasma-Effizienz basierend auf den in Kapitel 3.4 gezeigten Auskoppel- und Transmissionsverlusten bestimmt.

Da die inneren elektrischen Größen der koaxialen Hochleistungsstrahler in dem VUV-Goniometer nicht messbar sind, wird weiterführend die Repetitionsraten- und Druckabhängigkeit der Leistungsdichte anhand der Flachlampe untersucht (Kapitel 7.2). Es wird gezeigt, dass mit zunehmender Repetitionsrate weniger Energie während der Zündung effizient in Strahlung umgesetzt wird und dass die Verluste in der Glimmphase mit der Repetitionsrate ansteigen.

Basierend auf den experimentellen Untersuchungen der koaxialen Hochleistungsstrahler und der Flachlampe wird die Machbarkeit von Excimerstrahlern mit hoher Leistungsdichte in Kapitel 7.3 abschließend diskutiert.

7.1 Erreichte Leistungsdichte und Plasma-Effizienz

Für die Untersuchung der maximalen elektrischen und optischen Leistungsdichte wurden die koaxialen Hochleistungsstrahler im VUV-Goniometer mit dem resonanten Puls-Betriebsgerät betrieben. Dabei wurde die Pulslänge mit einer Dauer von $t_{Puls} = 650$ ns konstant gehalten und die Repetitionsrate variiert. Abbildung 7.1 zeigt die gemessene SVK des Strahlers VUV-K-9 bei 172 nm sowie das absolut kalibrierte Xe_2^*-Spektrum.

Aus der Strahlstärkeverteilungskurve kann auf die optisch dünne Emission des Plasmas geschlossen werden, da die Strahlstärke abgesehen von der Abschattung der Haltung (unten) und dem Strahlerende (oben) winkelunabhängig ist. Am Strahlerende wurde die innere Barriere aus absorbierendem HLX teilweise nach außen gezogen und mit dem synthetischen Quarzglas verschmolzen, weshalb in diesem Bereich eine geringere Strahlstärke ermittelt wird. Aus dem Mittelwert der normierten Strahlstärkeverteilungskurve $\overline{SVK}$ und der spektralen Strahlstärke wurde der Strahlungsfluss der Lampe nach Gleichung (3.17) berechnet. Der Mittelwert der normierten Strahlstärkeverteilungskurve ist $\overline{SVK} = 0{,}85$ bei $\lambda_{mess} = 172$ nm.

Das Xe_2^*-Spektrum ist nicht symmetrisch und zum kürzerwelligen Bereich von der Transmissionskante des synthetischen Quarzglases überlagert. Das erste Kontinuum ist von außen nicht messbar.

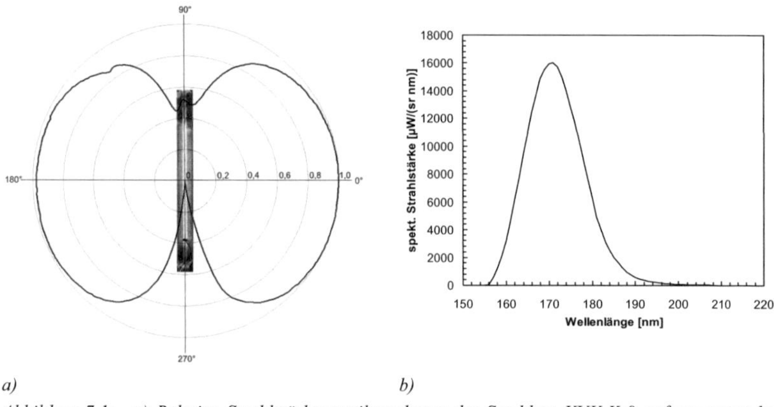

a)   b)

Abbildung 7.1:   a) Relative Strahlstärkeverteilungskurve des Strahlers VUV-K-9 aufgenommen bei $\lambda_{mess} = 172$ nm. b) Emittiertes Spektrum der Strahlstärke für p = 300 mbar ($\varphi = 0°$)

Die goniometrische Messung des Strahlungsflusses wird für Hochleistungsstrahler mit Xenondrücken $p_{Xe} = 210$ mbar, $p_{Xe} = 300$ mbar und $p_{Xe} = 400$ mbar identisch durchgeführt. Gleichzeitig wird für jeden Koaxialstrahler die Repetitionsrate variiert. Die erreichte optische Leistung P_{VUV} bezogen auf die Mantelfläche der Strahler ist für 210 mbar $\leq p_{Xe} \leq 400$ mbar in Abbildung 7.2 über der Repetitionsrate aufgetragen.

Die optische Leistungsdichte steigt mit der Repetitionsrate auf $P_{VUV} = 0{,}09$ W/cm^2 bis $P_{VUV} = 0{,}12$ W/cm^2. Die größere Leistungsdichte bei höherem Xenondruck ist deutlich ersichtlich. Bei gleicher Repetitionsrate wird für den Strahler mit $p_{Xe} = 400$ mbar die höchste optische Leistungsdichte erreicht. Die absolut höchste Leistungsdichte $P_{VUV} = 0{,}12$ W/cm^2 wird jedoch bei einem Druck $p_{Xe} = 300$ mbar und einer Repetitionsrate $f = 143$ kHz erreicht.

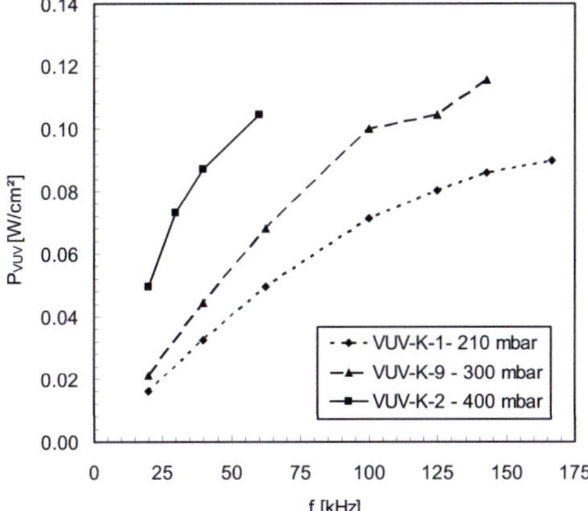

Abbildung 7.2: *Optische Leistungsdichte als Funktion der Repetitionsrate für einen Xenon-Druck zwischen 210 mbar und 400 mbar.*

Die weitere Steigerung der Leistungsdichte mit der Repetitionsrate wird durch ein Umschlagen der homogenen Entladung in engkanalige Dünnfilamente verhindert. Oberhalb einer Grenz-Repetitionsrate f_{Grenz} bilden sich lokale, ortsfeste Filamente mit hoher Stromdichte. Einhergehend sinkt die Plasma-Effizienz. Im Rahmen der Untersuchung wurde für die engkanalig filamentierte Entladung mit hoher Stromdichte eine Steigerung der el. Leistung auf den 6-fachen Wert beobachtet, wobei der Strahlungsfluss konstant blieb. Die resultierende schlechte Effizienz bei hohen Stromdichten ist aus der Literatur wie (Mildren et al. 2001b) bereits bekannt. Das Umschlagen in Filamente muss daher durch eine Repetitionsrate $f < f_{Grenz}$ vermieden werden. Ein Vergleich einer homogenen und einer filamentierten Entladung ist in Abbildung 7.3 exemplarisch für $p_{Xe} = 400$ mbar dargestellt.

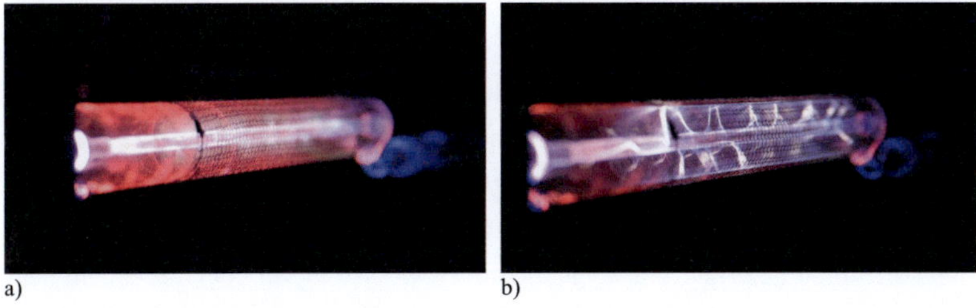

a)   b)

Abbildung 7.3: *Umschlagen der homogenen Entladung in eine engkanalig filamentierte Entladung mit gesteigerter Repetitionsrate. a) f = 60 kHz b) f = 65 kHz. p_{Xe} = 400 mbar*

Die Grenz-Repetitionsrate, bis zu welcher eine homogene Entladung aufrechterhalten werden konnte, fällt mit steigendem Druck und beträgt für
$p_{Xe} = 300$ mbar $f = 143$ kHz und für $p_{Xe} = 400$ mbar ca. $f = 60$ kHz. Diese
Grenzfrequenz limitiert die erreichbare Leistungsdichte. Für einen Xenondruck
$p_{Xe} = 210$ mbar wurde die maximale Repetitionsrate durch das Betriebsgerät auf
$f = 200$ kHz limitiert.

Die optische Leistungsdichte P_{VUV} ist in Abbildung 7.4 über der elektrischen
Leistungsdichte P_{el} aufgetragen. Die optische Leistungsdichte skaliert bis
$P_{el} = 0{,}4$ W/cm^2 linear mit der elektrischen Leistungsdichte. Wird P_{el} auf
maximal $P_{el} = 0{,}79$ W/cm^2 erhöht, steigt die optische Leistungsdichte unterpro-
portional bis zu einer maximalen optischen Leistungsdichte von
$P_{VUV} = 0{,}12$ W/cm^2.

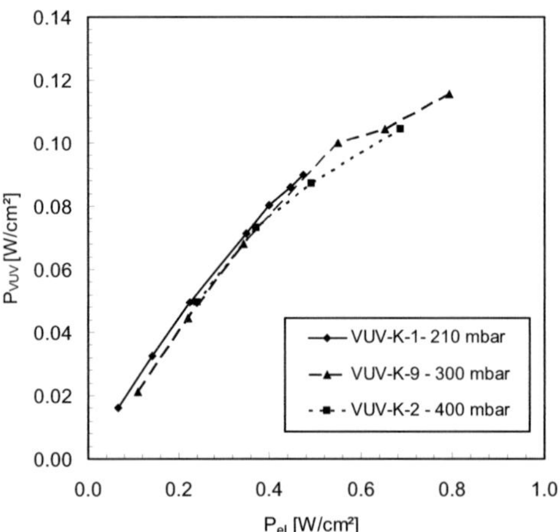

*Abbildung 7.4:   Optische Leistungsdichte über der el. Leistungsdichte für 172nm-Strahler (VUV-K)
bei einem Xenon-Druck zwischen 210 mbar und 400 mbar.*

Für die koaxialen Hochleistungsstrahler kann die Plasma-Effizienz aus dem
Strahlungsfluss unter Berücksichtigung der Auskoppeleffizienz (Gleichung
(3.24)) für ein in den Vollraum emittierendes, optisch dünnes Plasma berechnet
werden. Die Plasma-Effizienz ist in Abbildung 7.5 über der elektrischen Leistungsdichte aufgetragen. Sie liegt für die Hochleistungsstrahler bei einem sehr
hohen Wert von bestenfalls 50 %, sinkt jedoch durch die Erhöhung der Leistungsdichte auf 33 %.

Anzumerken ist, dass die höchste Plasma-Effizienz bei $P_{el} = 0{,}07$ W/cm^2 für den geringsten Xenon-Druck ($p_{Xe} = 210$ mbar) erreicht wurde.

Die relative Aufteilung des Excimerspektrums (Kapitel 6.2) wurde dabei nicht berücksichtigt. Die Simulationen in Kapitel 4.1 zeigen, dass die Entladung während der Zündung durch den Gasraum wandert. Die maximale Xe_2^*-Emission findet ca. $0{,}25 - 0{,}5$ mm vor der Barriere statt. Da der Ort der maximalen Xe_2^*-Emission für die Hochleistungsstrahler nicht bestimmt werden konnte, kann der Anteil der Resonanzstrahlung aufgrund der unbekannten Reabsorptionsstrecke nicht abgeschätzt werden. Resonanzstrahlung könnte reabsorbiert auch ein Xe_2^* bilden, dass dann Kontinuumsstrahlung im ersten oder zweiten Kontinuum emittiert würde. Während Resonanzstrahlung nicht ausgekoppelt wird, würde Strahlung des ersten Kontinuums von dem synthetischen Quarzglas absorbiert, Strahlung des zweiten jedoch transmittiert. Im Rahmen der vorliegenden experimentellen Untersuchung wird die Resonanzstrahlung infolgedessen vernachlässigt, was folglich zu einer noch unterschätzten Plasma-Effizienz führt.

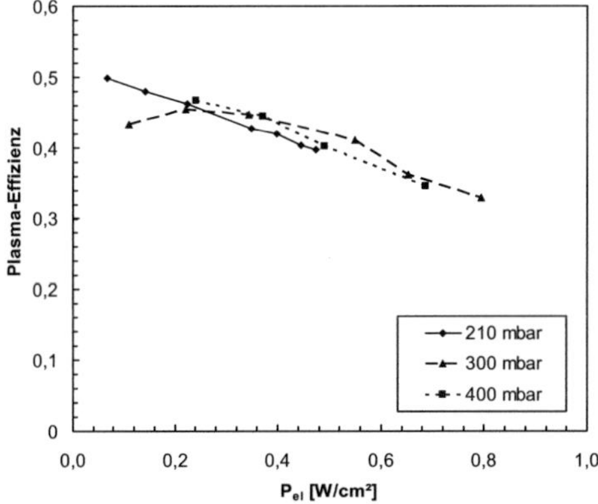

Abbildung 7.5:   Berechnete Plasma-Effizienz über der el. Leistungsdichte für einen Xenon-Druck zwischen 210 mbar und 400 mbar. Für 300 mbar und 400 mbar ist die Effizienz annähernd gleich.

Die Abhängigkeit der Plasma-Effizienz kann in dem VUV-Goniometer nicht untersucht werden, da die inneren elektrischen Größen nicht messbar sind. Die nötigen langen Zuleitungen in das VUV-Goniometer bedingen eine parasitäre

Resonanz, welche die Plasmastrommessung überlagert. Die Leistungsdichte und Effizienz wird infolgedessen an der Flachlampe gezielt untersucht.

7.2   Repetitionsraten- und Druckabhängigkeit der Leistungsdichte

Die erreichte optische Leistungsdichte mit den Parametern Repetitionsrate und Xenon-Partialdruckes wurde durch absolute Messung des Strahlungsflusses untersucht und in (Paravia et al. 2009) veröffentlicht. Ohne die inneren Größen einer DBE messen zu können, sind die Verluste der DBE nicht erklärbar. Aus diesem Grunde wurde eine Untersuchung an der Flachlampe vergleichend zu der Untersuchung der VUV-Strahler mit dem resonanten Puls-Betriebsgerät durchgeführt. Die Repetitionsrate wurde bei konstanter Pulsrate im Bereich $f = 20$ kHz bis $f = 200$ kHz variiert. Die Pulslänge beträgt konstant $t_{Puls} = 900$ ns für einen Xenondruck $50\,\mathrm{mbar} \le p_{Xe} \le 250\,\mathrm{mbar}$ und wurde aufgrund das Übersetzungsverhältnis des Transformators für $300\,\mathrm{mbar} < p_{Xe} \le 350\,\mathrm{mbar}$ auf $t_{Puls} = 1500$ ns erhöht. Ein höheres Übersetzungsverhältnis wurde erforderlich, da die Zündspannung der DBE von dem Betriebsgerät nicht mehr bereitgestellt werden konnte. Die elektrischen Parameter können Tabelle 7.1 entnommen werden.

Tabelle 7.1: Parameter resonantes Puls-Betriebsgerät

	50 – 250 mbar	**300 – 350 mbar**
Drossel L	1,59 µH	0 µH
Transformator $\ddot{u}$	6,6	10
U_{DC}	< 400 V	< 400 V
Erscheinungsform	homogen	filamentiert

Für $p_{Xe} \le 250$ mbar konnte eine homogene Entladung visuell bestätigt werden. Aufgrund des Phosphors konnten jedoch keine Kurzzeitaufnahmen der Entladung aufgenommen werden. Für Xenondrücke $p_{Xe} \ge 300$ mbar konnte nur bis zu einer Repetitionsrate von $f = 30$ kHz eine homogene Entladung erzielt werden, über $f = 30$ kHz war die Entladung teilflächig filamentiert. Die elektrische Leistungsdichte für einen homogenen Betrieb bei einer Repetitionsrate von $f = 200$ kHz beträgt $P_{el} = 76$ mW/cm^2 für 50 mbar und steigt auf $P_{el} = 412$ mW/cm^2 für $p_{Xe} = 250$ mbar. Für $p_{Xe} = 350$ mbar konnte, im filamentierten Betrieb, eine Leistungsdichte von $P_{el} = 950$ mW/cm^2 erreicht werden.

In Abbildung 7.6 ist die Leuchtdichte über P_{el} aufgetragen. Mit zunehmender Leistungsdichte steigt die Leuchtedichte näherungsweise logarithmisch mit der Leistungsdichte. Die maximal erreichte Leuchtdichte beträgt im homogenen Betrieb $L = 11400$ cd/m^2 auf der Frontseite der Flachlampe ($p_{Xe} = 250$ mbar, $f = 200$ kHz). Auf der Rückseite wird zusätzlich noch eine Leuchtdichte $L = 7300$ cd/m^2 erreicht. Dies entspricht insgesamt einem Lichtstrom von $\Phi = 6$ lm/cm^2.

Bei gleicher Repetitionsrate steigt die Leuchtdichte mit dem Xenondruck bis $p_{Xe} = 200$ mbar. Für die Xenondrücke $p_{Xe} = 250$ mbar und $p_{Xe} = 350$ mbar ist bis $P_{el} = 300$ mW/cm^2 die Leuchtdichte bei gleicher Leistungsdichte unabhängig von dem Xenondruck, wenn die Repetitionsrate entsprechend angepasst wird. Es wird durch den höheren Druck bei gleicher Repetitionsrate eine höhere Leuchtdichte erzeugt. Eine Effizienzsteigerung kann aber nicht festgestellt werden. Dies ist auf die Pulslänge zurückzuführen. Der optimale Druckbereich für die Flachlampe beträgt folglich $p_{Xe} = 200$ mbar bis $p_{Xe} = 250$ mbar.

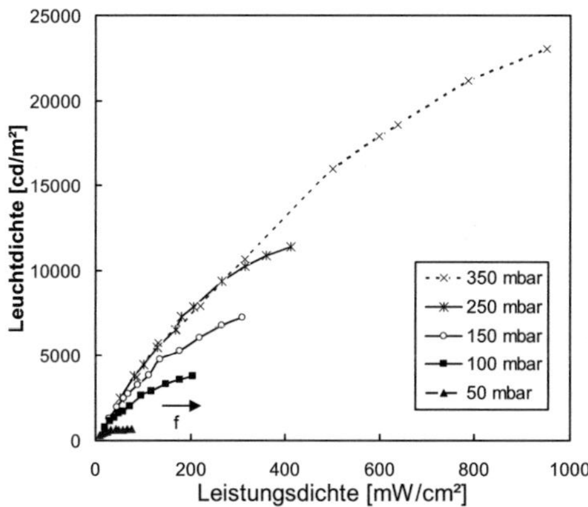

Abbildung 7.6:   Leuchtdichte aufgetragen über der elektrischen Leistungsdichte für die Flachlampe. Repetitionsrate $f = 20$ kHz bis $f = 200$ kHz.

Die Lampenlichtausbeute ist in Abbildung 7.7 über der elektrischen Leistungsdichte aufgetragen und Tabelle 7.2 zu entnehmen. Die Lampeneffizienz sinkt mit steigender Repetitionsrate und damit mit steigender Leistungsdichte. Erkennbar ist jedoch, dass der Abfall mit steigendem Druck geringer wird. Für $p_{Xe} = 250$ mbar beispielsweise sinkt die Effizienz von $\eta_{20\ kHz} = 24{,}2$ lm/W bei

$f = 20$ kHz auf $\eta_{200\,kHz} = 14,3$ lm/W bei einer $f = 200$ kHz. Dies entspricht einer Abnahme auf 59 % des Ursprungswertes. Anzumerken ist, dass die Effizienz für $p_{Xe} = 350$ mbar partiell unter der für $p_{Xe} = 250$ mbar liegt, da die Pulslänge durch das Übersetzungsverhältnis des Transformators erhöht wurde.

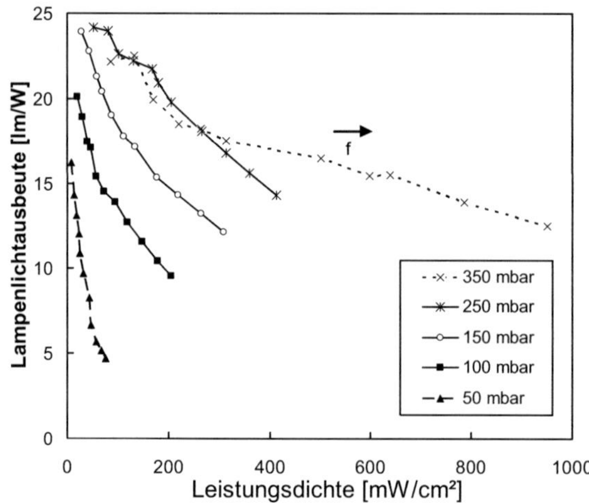

Abbildung 7.7:   Lampenlichtausbeute aufgetragen über der elektrischen Leistungsdichte für die Flachlampe. Repetitionsrate 20 kHz bis 200 kHz.

Tabelle 7.2:   Verhältnis von Lampenlichtausbeute bei $f = 20$ kHz zu $f = 200$ kHz.

p_{Xe}	$\eta_{20\,kHz}$	$\eta_{200\,kHz}$	$\eta_{20\,kHz}/\eta_{200\,kHz}$
50 mbar	16,2 lm/W	4,7 lm/W	0,29
100 mbar	20,1 lm/W	9,6 lm/W	0,48
150 mbar	23,9 lm/W	12,1 lm/W	0,51
250 mbar	24,2 lm/W	14,3 lm/W	0,59
350 mbar	22,2 lm/W	12,5 lm/W	0,56

Analog zu den VUV-Strahlern zeigt sich für $p_{Xe} > 250$ mbar nur eine geringe Abhängigkeit der Effizienz von der Leistungsdichte für $P_{el} < 300$ mW/cm². Es ist an dieser Stelle anzumerken, dass die Schlagweite des Plasmas in der Flachlampe $d_{Gap} = 2$ mm beträgt. Die Leistungsdichte wird also in einem kleineren Volumen umgesetzt als bei den VUV-Strahlern mit einer Schlagweite von $d_{Gap} = 4,5 - 5,5$ mm.

Im Folgenden wird exemplarisch für einen Xenondruck von $p_{Xe} = 150$ mbar diskutiert, warum die erreichte Leucht- und optische Leistungsdichte nicht linear mit der el. Leistungsdichte zunimmt, wenn die Repetitionsrate erhöht wird. Die Lampenspannung ändert sich bei einer Änderung der Repetitionsrate nur geringfügig (Abbildung 7.8a)), die Abnahme der optischen Leucht- und Leistungsdichte ist hieran nicht erklärbar. Für $f = 20$ kHz ist anhand des Spannungseinbruches der Lampenspannung zum Zeitpunkt $t = 400$ ns die erste Zündung in der positiven Halbschwingung zu erkennen. Dies wird von den zeitaufgelösten optischen Messungen in NIR bestätigt (Abbildung 7.8b)). Die Entladung zündet ein zweites Mal zum Zeitpunkt $t = 700$ ns. Weiter konnte eine schwache dritte Zündung bei $t = 1200$ ns festgestellt werden.

Für $f = 200$ kHz ist die Zündung in der ersten positiven Halbschwingung nur sehr schwach ausgeprägt. Die Rückzündung ($t = 750$ ns) ist mit der Rückzündung bei $f = 20$ kHz identisch und die dritte Zündung ($t = 1100$ ns) ist deutlich ausgeprägt.

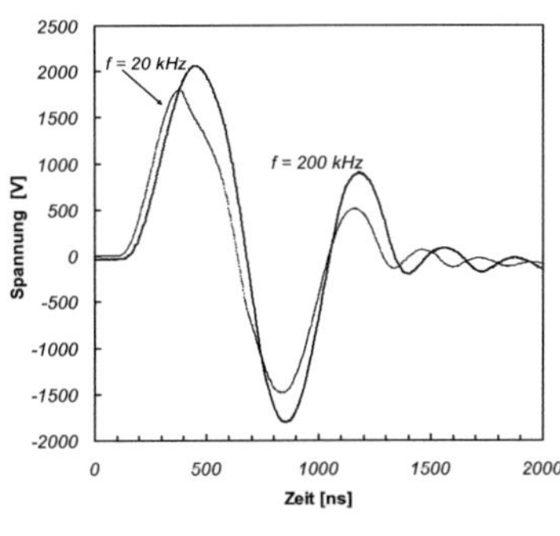

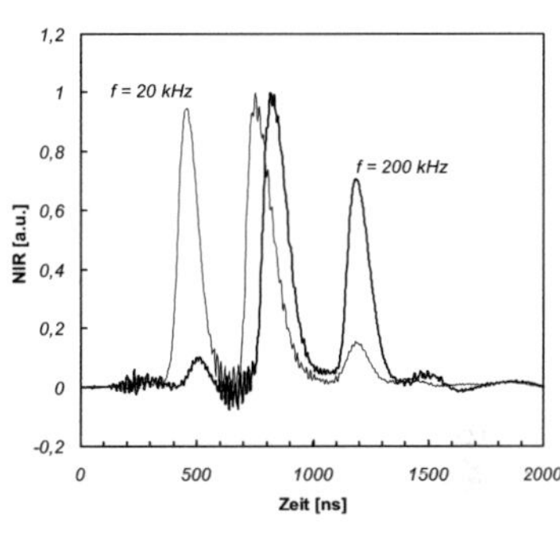

Abbildung 7.8:   a) Lampenspannung für f = 20 kHz und f = 200 kHz Pulswiederholrate b) zeitaufgelöste Emission in NIR. Die Lampe zündet für f = 200 kHz erstmalig in der positiven Halbschwingung. Für f = 200 kHz ist die Zündung in der ersten Halbschwingung schwach ausgeprägt. p_{Xe} = 150 mbar

Durch Verringerung der Totzeit zwischen den Pulsen steigt die Restladungsträgerdichte für die nächste Zündung. Diese Restladungsträgerdichte kann an dem Plasmastromfluss vor der ersten Zündung der Lampe erkannt werden. In Abbildung 7.9 ist dies für $p_{Xe} = 150$ mbar gezeigt. Die Plasmastromdichte bei $f = 20$ kHz ist vor der Zündung mit $i_{Plasma} \approx 1{,}6$ mA/cm² um den Faktor vier kleiner als $i_{Plasma} \approx 7$ mA/cm² bei $f = 200$ kHz.

Zudem sinkt mit steigender Repetitionsrate die maximale Plasmastromdichte im Zündzeitpunkt. Nach (Bogdanov et al. 2004) geht in Moment der Zündung die direkte Ionisierung zur Stufenionisierung über und resultiert in einem schnellen Stromanstieg mit anschließendem Spitzenstrom. Ist die Restladungsträgerdichte vor der Zündung hoch, erfolgt eine Zündung als Glimmentladung. Wie bereits in Kapitel 6.5 gezeigt ist die Leistungseinkopplung während der Zündung der DBE effizienter als in der Glimmentladung. Mit zunehmender Repetitionsrate kann also weniger Energie effizient in Strahlung umgesetzt werden und das Verhältnis von Zündenergie zu Energie in der Glimmphase sinkt.

Für $f = 200$ kHz fehlt der typische Spitzenstrom während der Zündung in der ersten Halbschwingung. Es ist dem Plasmastromverlauf jedoch nicht entnehmbar, warum die Zündung in der ersten Halbschwingung schwach ausgeprägt ist. Erst nach der Stromkommutierung in der zweiten, negativen Halbschwingung und in der dritten Halbschwingung folgen zwei ausgeprägte Zündungen.

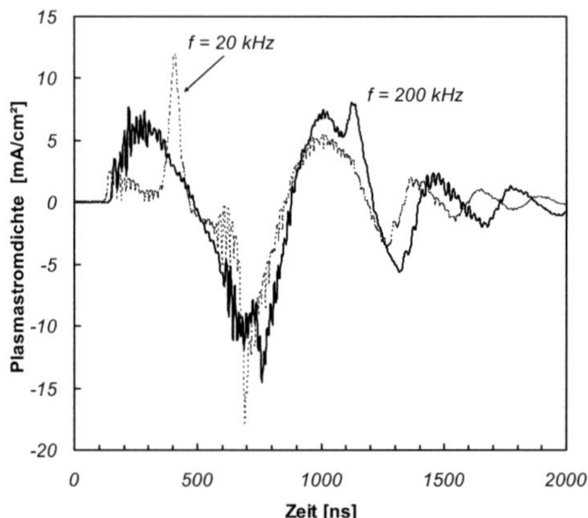

Abbildung 7.9: i_{Plasma} *für* $f = 20$ *kHz und* $f = 200$ *kHz Pulswiederholrate. Die Lampe zündet für* $f = 20$ *kHz erstmalig in der positiven Halbschwingung. Für* $f = 200$ *kHz ist die Zündung in der ersten Halbschwingung schwach ausgeprägt und es folgen zwei ausgeprägte Zündungen. (* $p_{Xe} = 150$ *mbar)*

Das erweiterte Ladungstransportmodell kann die Zündungen für $f = 200$ kHz detailliert erklären. Mit $C_{charge}/C_{Gap} = 5{,}6$ für die homogene Entladung bei $f = 200$ kHz können die Leistungsdichten p_{charge} und p_{excite} berechnet werden. In Abbildung 7.10 sind die Leistungsdichten p_{charge} und p_{excite} und die Lampenspannung u_{Lampe} zeitaufgelöst dargestellt. In der ersten, positiven Halbschwingung wird fast die gesamte Leistung in p_{charge} eingekoppelt. Anschaulich entspricht dies der Ladungstrennung im Gasraum mit Aufbau eines elektrischen Gegenfeldes (Trampert 2009). In dem elektrischen Modell fällt der größte Teil der Spannung über C_{charge} ab, weshalb über R_{excite} die Zündspannung nicht erreicht wird.

Nach der Stromkommutierung steht die auf C_{charge} gespeicherte Energie als Feld der Raumladungen der Entladung zur Verfügung und durch die schnelle Polaritätsänderung kann die DBE in der negativen Halbschwingung gezündet werden. In Abbildung 7.10 ist deutlich zu erkennen, dass C_{charge} vor der Zündung mit negativer Momentanleistung Quellenverhalten zeigt. Diese Energie wird zeitgleich in R_{excite} umgesetzt. Erst nach der Zündung ab dem Zeitpunkt t = 750 ns wird erneut Leistung in C_{charge} eingekoppelt, wenn die Entladung in die Glimmphase übergeht.

Die dritte Zündung wird durch die erneute Stromkommutierung vor der dritten Halbschwingung der resonanten Pulsanregung eingeleitet. Erneut wird das Feld der Raumladungen in C_{charge} abgebaut und in Energie in R_{excite} umgesetzt. Durch die hohe Ladungsträgerdichte handelt es sich hierbei um eine Glimmentladung, gefolgt von einer Zündung der DBE bei t = 1100 ns.

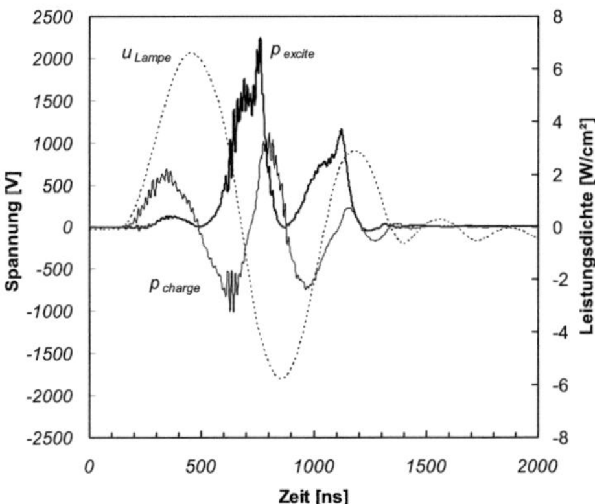

Abbildung 7.10: u_{Lampe}, p_{excite} und p_{charge} für den gepulsten Betrieb. Leistungseinkopplung in p_{charge} in der ersten Halbschwingung, Zündung in der zweiten und dritten Halbschwingung mit p_{excite} >> 0. (p_{Xe} = 150 mbar, f = 200 kHz, C_{charge}/C_{Gap} = 5,6)

Das erweiterte Ladungstransportmodell erklärt die Frequenzabhängigkeit und zeigt zusammenfassend deutlich, dass eine hohe Restladungsträgerdichte einer effizienten dielektrisch behinderten Entladung bei hoher Leistungsdichte entgegensteht. Die Effizienz sinkt, da die Entladung von der effizienten Nichtgleichgewichtsentladung in eine Glimmentladung übergeht.

7.3 Machbarkeit von Hochleistungsstrahlern

Im Rahmen dieser Arbeit wurde der Aufbau von koaxialen Xe-Excimerstrahlern mit hoher Leistungsdichte untersucht. Die Überlegungen zur Auskoppeleffizienz legen eine Schlagweite von ca. d_{Gap} = 5 mm bei einem möglichst geringen Durchmesser der inneren Barriere nahe. Der beste Füllungsdruck beträgt hier p_{Xe} = 300 mbar. Wichtig für eine gute Effizienz sind einerseits eine reine, sauerstofffreie Füllung und andererseits eine gute optische Auskopplung der Strahlung aus der Lampe.

Das verwendete Suprasil zeigte in der Untersuchung eine starke Fluoreszenz aufgrund der OH-Anteile im Quarzglas und sollte für weitere Untersuchungen durch HLX VUV oder Suprasil 300 ersetzt werden.

Für den Betrieb der DBE wurde ein resonantes Puls-Betriebsgerät entwickelt, dass über einen LC-Kreis Hochspannungspulse mit sehr guter Effizienz erzeugt. Hierbei ist auf eine möglichst geringe Pulslänge durch eine hohe Resonanzfrequenz zu achten, da hiermit die Effizienz gesteigert werden kann. Im Rahmen der Untersuchung wurde mit dem resonanten Puls-Betriebsgerät eine maximale el. Leistungsdichte P_{el} = 0,8 W/cm^2 bei Pulsdauern von 500 ns $\leq t_{Puls} \leq$ 700 ns erreicht.

Die Angabe der Leistungsdichte pro Fläche lässt noch keine Rückschlüsse auf die Volumenleistungsdichte des Plasmas zu und die Flachlampe kann nicht direkt mit den Hochleistungsstrahlern verglichen werden. Aus diesem Grunde ist in Abbildung 7.11 die Plasma-Effizienz über P_{el} bezogen auf das Entladungsvolumen dargestellt. Hierfür wurde zusätzlich die Xeradex 20 W der Fa. Radium mit den in dieser Arbeit gefertigten Strahlern verglichen. Die Xeradex wurde in dem VUV-Goniometer betrieben, der Strahlungsfluss goniometrisch von (Daub 2007) gemessen und die Plasma-Effizienz zu η_{Plasma} = 50 % abgeschätzt. Die Volumenleistungsdichte wurde aus der Lampengeometrie berechnet und beträgt $P_{Volumen}$ = 0,13 W/cm^3.

Für geringe Volumenleistungsdichten $P_{Volumen}$ < 0,1 W/cm^3 wird eine sehr hohe Plasma-Effizienz von η_{Plasma} = 61 % berichtet (Beleznai et al. 2008a). Die in dieser Arbeit erreichte Plasma-Effizienz beträgt $\eta_{Plasma} = 45\,\%$, bei einer 18-fach höheren Volumenleistungsdichte $P_{Volumen} = 1{,}3$ W/cm^3. Wird die Volumenleistungsdichte auf $P_{Volumen} = 3{,}3$ W/cm^3 erhöht, beträgt die Plasma-Effizienz noch $\eta_{Plasma} = 33\,\%$. Zusammenfassend kann gezeigt werden, dass die Plasma-Effizienz für homogene Entladungen näherungsweise linear mit der elektrisch eingekoppelten Volumenleistungsdichte abnimmt. Der gezeigte Zusammenhang zwischen Volumenleistungsdichte und Plasma-Effizienz ermöglicht die Dimensionierung von weiteren, neuen Strahlungsquellen auf Basis der Xe$_2^*$-DBE.

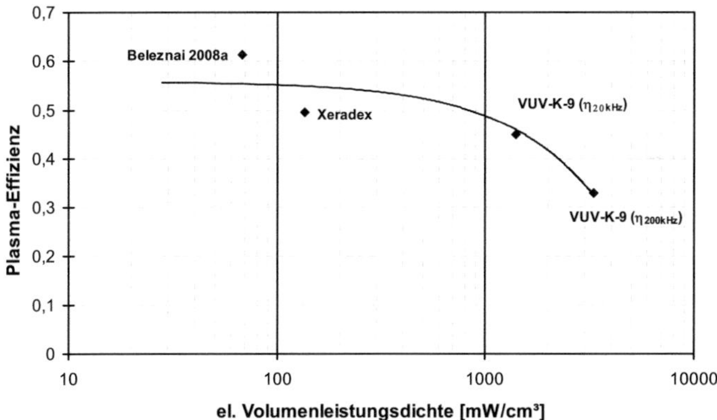

Abbildung 7.11: Vergleich der erreichten Plasma-Effizienz über der el. Volumenleistungsdichte

Die Abnahme der Plasma-Effizienz über der Repetitionsrate konnte durch die verbleibende Restladungsträgerdichte im Gasraum begründet werden. In Untersuchungen zur Repetitionsraten- und Druckabhängigkeit an der Flachlampe wurde gezeigt, dass die Zündung durch restliche, noch im Gasraum vorhandene, Ladungsträger beeinflusst wird. Hierdurch ist die Zündung der Lampe weniger ausgeprägt und es fließt ein beachtlicher Plasmastrom vor der eigentlichen Zündung. Dieser Plasmastrom trägt nicht zur effizienten Zündung bei, wodurch die Verluste vergrößert werden und die Effizienz vor allem mit steigender Repetitionsrate sinkt. Die Repetitionsrate ist damit ein wesentliches Kriterium für einen effizienten Betrieb. Einerseits geht die Nichtgleichgewichtsentladung mit steigender Repetitionsrate in eine Glimmentladung über. Andererseits zeigt sich ein mit dem Druck zunehmend instabiles Verhalten der Entladung bei Schlagweiten um $d_{Gap} = 5$ mm und Repetitionsraten $f > 100$ kHz.

Durch dieses instabile Verhalten werden aus einer homogenen Entladung lokale, ortfeste Filamente mit hoher Stromdichte und hochleitfähigen Ionisierungskanälen (vgl. Abbildung 7.3). Damit verbunden ist nach (Mildren et al. 2001b) ein Einbruch der Plasma-Effizienz. (Beleznai et al. 2008b) beschrieben allgemein die Notwendigkeit einer geringen und gleichmäßigen Restladungsträgerdichte, da andernfalls die homogene Entladung in die filamentierte Entladung kippt. Obwohl unklar ist, ab welcher Restladungsträgerdichte die Filamentierung auftritt, schränkt dieses instabile Verhalten eine hohe el. Leistungsdichte durch eine Repetitionsratenerhöhung bei gleichzeitiger hoher Effizienz im homogenen Betrieb ein.

Weitere limitierende Punkte für eine hohe optische Leistungsdichte sind die maximale Lampenspannung im Betrieb und der Spitzenstrom für eine homogene Entladung. Steigt die Lampenspannung aufgrund des pd-Produktes, so wird unter Umständen ein höher übersetzter Transformator benötigt, wodurch die Resonanzfrequenz des Betriebsgerätes sinkt. Hierdurch steigen die Pulslänge und die Verluste in der Glimmphase. Eine Alternative hierzu ist eine höhere Zwischenkreisspannung im Betriebsgerät. Das höhere pd-Produkt erfordert somit in jedem Fall eine höhere Spannungsfestigkeit des Transformators oder der Leistungshalbleiter, was einen wirtschaftlichen Einsatz einschränken kann. An dieser Stelle unbeachtet bleibt die grundsätzliche Zündbarkeit der DBE mit kommerziell zur Verfügung stehenden Leistungshalbleitern / Transformatoren.

Wie experimentell in Kapitel 6.3.3 beschrieben, steigt mit dem Xenondruck die Schwellenstromdichte für homogene Entladungen. Diese Spitzenstromdichte muss bereitgestellt werden, um eine effizente homogene Entladung zu ermöglichen. Hierfür kann ein Parallelkondensator eingesetzt werden oder die Blindstromdichte vor der Zündung erhöht werden. Limitierend ist jedoch, dass durch einen Parallelkondensator die Resonanzfrequenz steigt wodurch die Plasma-Effizienz folglich sinkt. Durch die höhere Blindstromdichte sinkt die Plasma-Effizienz durch Verluste in der Glimmphase und die Effizienz des Betriebsgerätes.

Zum Abschluss soll die Plasma-Effizienz Xe_2^*-DBE mit kommerziellen UVC-Strahlern verglichen werden. Exemplarisch sind die UVC-Strahlungsausbeuten der Hg-Niederdruck-UVC-Strahler TUV-64 T5 und TUV-64 T5 HO und des Amalgamstrahlers TUV 330W XPT T10 in Abbildung 7.12 über der Flächenleistungsdichte aufgetragen. Dem Einsatzzweck der Strahler entsprechend wird die UVC-Strahlungsausbeute hierbei zur Quantifizierung herangezogen und Strahlung im UVB bis IR vernachlässigt. Typische UVC-Strahlungsausbeuten liegen im Bereich 30 – 40% bei el. Leistungsdichten $P_{el} < 300$ mW/cm^2 (UV-Technik 2008).

Die Xe$_2^*$-DBE erreicht beim heutigen Stand der Technik bei gleicher Plasma-Effizienz eine drei- bis vierfach höhere Leistungsdichte als Hg-Niederdruck-UVC-Strahler. Ungeachtet dessen sind die Transmissions- und Auskoppelverluste mit $T_{eff} = 52\%$ zu hoch, so dass die Strahlung nicht effizient genug ausgekoppelt werden kann.

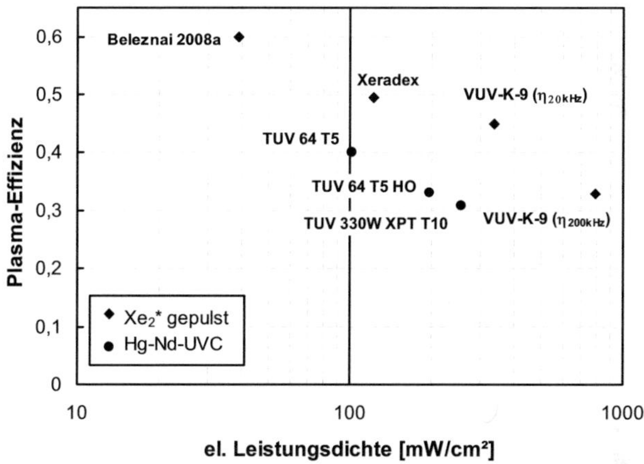

Abbildung 7.12: Erreichte Plasma-Effizienz über der elektrischen Leistungsdichte

8 Zusammenfassung

Optische Technologien wie die UV-induzierte Polymerisation oder die Wasserdesinfektion benötigen Hochleistungsstrahler im UV-Spektralbereich. Optimalerweise ist das Emissionsspektrum der Strahler auf das Wirkspektrum des Bestrahlungsgutes angepasst. Eine solche Anpassung ist auf Basis der Xenon-Excimer-DBE möglich, wenn diese mit UV-Leuchtstoffen beschichtet wird. Nötig ist hierfür eine effiziente Excimerentladung bei hoher Leistungsdichte.

In der vorliegenden Arbeit wurde daher der homogene Betrieb bei hoher Leistungsdichte und hoher Effizienz experimentell untersucht. Die Arbeit erfolgte im Rahmen eines Industrieprojektes mit Saint Gobain Glass France und einer Kooperation mit Szabolcs Beleznai der Universität Budapest.

Die Zündung einer DBE wird auf den Lawinengenerations-Durchschlag mit anschließender Glimmphase (Glimmentladung) zurückgeführt und das Zündverhalten anhand der zeitlichen Entwicklung des Potentials, des E-Felds und der Ionen- und Elektronendichte im Gasraum dargestellt. Hierfür wurde eine gepulste Anregung simuliert und mit den experimentellen Größen verglichen.

Ergänzt wird die Simulation durch ein einfaches elektrisches Modell, das erweiterte Ladungstransportmodell. Durch die erstmalig gefundene Stromdichteabhängigkeit der DBE konnte das bekannte Ladungstransportmodell von (Trampert 2009) deutlich verbessert werden. Das erweiterte Ladungstransportmodell ermöglicht eine Beschreibung der Restladungsträgerdichte durch eine von der Ausbildungsform der Entladung abhängige Raumladungskapazität C_{charge}. Es wird analytisch gezeigt, wie C_{charge} aus der elektrischen Leistung berechnet werden kann. Die Proportionalität von C_{charge} zur gezündeten Fläche wurde durch Kurzzeitaufnahmen bestätigt.

In Untersuchungen zur Stromdichteabhängigkeit konnte durch Kurzzeitaufnahmen der Entladung gezeigt werden, dass die gezündete Fläche der DBE linear mit der Stromdichte skaliert. Hierbei wurde eine Schwellenstromdichte für homogene Entladungen festgestellt. Die Schwellenstromdichte wurde für unterschiedliche Pulsformen und Xenondrücke im Bereich 50 mbar bis 400 mbar untersucht.

Es wurde des Weiteren gezeigt, dass die Rückzündung, eine zweite Zündung wenige hundert ns nach der ersten Zündung, die Schwellenstromdichte für eine homogene Entladung reduziert. Basierend auf der Schwellenstromdichte sollte der maximale Strom im Moment der Zündung bereitgestellt werden. Bekannte hartschaltende Betriebsgeräte wie z.B. der Flyback-Inverter, liefern den maximalen Strom zu Beginn der Entladung und unterstützen einen homogenen Betrieb dadurch nicht optimal.

Nach der Zündung der DBE geht diese in eine Glimmphase über, wenn ein eingeprägter Strom die Entladung unterhält. Es wurde durch experimentelle Untersuchungen und Aufteilung der Energie in die Zünd- und Glimmphase gezeigt, dass die DBE nur in der Zündphase effizient Strahlung erzeugt. Um eine hohe Plasma-Effizienz zu erreichen, muss die Glimmphase folglich kurz sein.

Zusammenfassend kann konstatiert werden: Eine optimale Pulsform enthält eine Rückzündung, unterstützt die erste Zündung und die Rückzündung mit hinreichend großen Stromdichten und reduziert die Glimmphase durch eine kurze Pulsdauer.

Diese Pulsform wurde in einem neuartigen resonanten Puls-Betriebsgerät verwirklicht. Das resonante Puls-Betriebsgerät besteht aus einer Halbbrücke mit LC-Resonanzkreis. Ein Transformator erzeugt die für DBEs nötige Hochspannung. Die Besonderheit des Betriebgerätes besteht in der Verbindung aus gepulsten Betrieb und resonanter Schaltentlastung. Der erzeugte HV-Puls besteht aus einer Periode einer hochfrequenten Sinusschwingung. Nach dem Prinzip des Hochsetzstellers wird die nach der Zündung auf der DBE verbleibende Energie in das Betriebsgerät zurückgespeist. Der Vorteil ist hierdurch, dass dieses Betriebsgerät auch für große Leistungen und hohe kapazitive Lasten Wirkungsgrade bis 87 % erreicht.

Die Machbarkeit von Hochleistungsstrahlern auf Basis der Xe_2^*-DBE wurde durch goniometrische Strahlungsflussmessungen im VUV untersucht. Die Plasma-Effizienz wurde durch Abschätzung der Transmissions- und Auskoppelverluste abgeleitet. Für die Untersuchungen wurden koaxiale Hochleistungsstrahler entwickelt und hergestellt. Die erreichte elektrische Leistungsdichte beträgt 800 mW/cm² bei einer Plasma-Effizienz von 33 % im homogenen Betrieb.

Mit Hilfe des erweiterten Ladungstransportmodells wurde gezeigt, dass mit zunehmender Repetitionsrate weniger Energie effizient in Strahlung umgesetzt wird und dass die Verluste in der Glimmphase ansteigen. Die Machbarkeit von Hochleistungsstrahlen wurde abschließend mit Hg-Niederdruckstrahlern verglichen.

9 Ausblick

Trotz der Optimierung der Auskoppeleffizienz der koaxialen Hochleistungs-strahler betragen die Transmissions- und Auskoppelverluste noch 52 %. Das Xe_2^*-Spektrum beginnt mit der Xenon-Resonanzstrahlung bei $\lambda = 147$ nm und wird von der Transmissionskante des synthetischen Quarzglases überlagert. Eine Verbesserung hier ist vor allem durch ein dünneres Quarzglas mit redu-zierten Hydroxygruppenanteil sowie eine transparentere Netzelektrode zu erwarten. Da UV-Phosphore nicht untersucht werden konnten, sind diese als offene Fragestellung für UV-Strahler auf Basis der Xe_2^*-DBE bezüglich Quan-teneffizienz und Konversionsverluste zu nennen.

Von besonderem Interesse wäre eine quantitative Beschreibung der Restladun-gen im Gasraum. Durch die bisherigen Arbeiten ist bekannt, dass eine nicht-gleichmäßige Restladungsträgerdichte eine filamentierte Entladung begünstigt. Absolute Restladungsträgerdichten sind aber noch nicht bekannt.
Auch das erweiterte Ladungstransportmodell kann die Restladungsträgerdichte nicht absolut bestimmen, da die Raumladungskapazität als zeitlich konstant angenommen wird. Eine Verbesserung würde die Berücksichtigung der effekti-ven Anode in einem zeitlich variablen Kondensator bringen.

Das entwickelte resonante Puls-Betriebsgerät zeigt eine sehr gute Effizienz von 87 % bei einer Lampenleistung $P = 130$ W. Eine weitere Optimierung der induktiven Bauelemente und die Auslegung auf elektrische Leistungen im Bereich mehrerer hundert Watt bedarf weiterer Forschungs- und Entwicklungs-arbeit.

10 Literatur

(Adler 2000) F. Adler, *Strahlungsprozesse in der dielektrisch behinderten Entladung,* Mathematisch Naturwissenschaftlichen Fakultät, Ernst Moritz Arndt Universität Greifswald, 2000

(Altena 2002) F. Altena, *Advances in UV Light Technology,* UV in drinking water treatment, Nieuwegein, 2002

(Auday et al. 2000) G. Auday, P. Guillot and J. Galy, *Secondary emission of dielectrics used in plasma display panels,* Journal of Applied Physics 88: 4871-4874, 2000

(Beleznai et al. 2006) S. Beleznai, G. Mihajlik, A. Agod, I. Maros, R. Juhasz, Z. meth, L. Jakab and P. Richter, *High-efficiency dielectric barrier Xe discharge lamp: theoretical and experimental investigations,* J. Phys. D. 39: 3777-87, 2006

(Beleznai et al. 2008a) S. Beleznai, G. Mihajlik, I. Maros, L. Balázs and P. Richter, *Improving the efficiency of a fluorescent Xe dielectric barrier light source using short pulse excitation,* Journal of Physics D: Applied Physics 41: 115202, 2008

(Beleznai et al. 2008b) S. Beleznai, P. Richter and L. Balázs, *New modulated driving signal for efficient excitation of DBD discharges,* HAKONE XI, Oleron Island, 2008

(Beleznai et al. 2009) S. Beleznai, G. Mihajlik, I. Maros, L. Balazs and P. Richter, *High frequency excitation waveform for efficient operation of a xenon excimer dielectric barrier discharge lamp,* Journal of Physics D: Applied Physics 43: 015203, 2009

(Bhattacharya 1976) A. K. Bhattacharya, *Measurement of breakdown potentials and Townsend ionization coefficients for the Penning mixtures of neon and xenon,* Physical Review A 13: 1219, 1976

(Boeuf et al. 1997) J. P. Boeuf, C. Punset, A. Hirech and H. Doyeux, *Physics and Modelling of Plasma Display Panels,* J. Phys IV France C4-2 - C4-14, 1997

(Bogdanov et al. 2004) E. A. Bogdanov, A. A. Kudryavtsev, R. R. Arslanbekov and V. I. Kolobov, *Simulation of pulsed dielectric barrier discharge xenon excimer lamp,* J. Phys. D. 37: 2987-2995, 2004

(Carman et al. 2002) R. J. Carman and R. P. Mildren, *Computer modeling of electrical breakdown in a pulsed dielectric barrier discharge in xenon,* IEEE Transactions on Plasma Science 30: 154-5, 2002

(Czichy 2007) M. Czichy, *Untersuchungen zur Zündung von quecksilberfreien Hochdruck-Entladungslampen,* Fakultät für Elektrotechnik und Informationstechnik, Ruhr-Universität Bochum, Bochum, 2007

(Daub 2009) H.-P. Daub, *Untersuchung eines adaptiven Impuls-EVG zum Betrieb von DBE,* Fakultät für Elektrotechnik und Informationstechnik, Universität Karlsruhe (TH), Karlsruhe, 2009

(Daub 2007) R. Daub, *Diplomarbeit: Spektroskopische Untersuchung der Reaktionskinetik von Xe2 im VUV bis NIR,* 2007

(Decker 2002) C. Decker, *Kinetic Study and New Applications of UV Radiation Curing,* 23, 2002

(Eliasson et al. 1988) B. Eliasson and U. Kogelschatz, *UV excimer radiation from dielectric-barrier discharges,* Applied Physics B: Lasers and Optics 46: 299, 1988

(Enßlin 2009) J. Enßlin, *Spektrale Untersuchung der Druckabhängigkeit des Xe2* im VUV,* 2009

(Franke et al. 2006) S. Franke, H. Lange, H. Schoepp and H. D. Witzke, *Temperature dependence of VUV transmission of synthetic fused silica,* Journal of Physics D: Applied Physics 39: 3042, 2006

(Garratt 1996) P. G. Garratt, *Strahlenhärtung,* Curt R. Vincentz Verlag, 1996

(Gellert et al. 1991) B. Gellert and U. Kogelschatz, *Generation of excimer emission in dielectric barrier discharges,* Applied Physics B: Lasers and Optics 52: 14-21, 1991

(Heering 2005) W. Heering, *Skript zur Vorlesung Plasmastrahlungsquellen,* Lichttechnisches Institut, Universität Karlsruhe, 2005

(Heraeus 2005) Heraeus, *Temperaturschift der Transmissionskante von Suprasil,* Datenblatt, 2005

(Heraeus 2007) Heraeus, *Quarzglas für die Optik, Daten und Eigenschaften,* Datenblatt, 2007

(Jinno et al. 2005) M. Jinno, H. Motomura, K. H. Loo and M. Aono, *Emission Characteristics of Xenon and Xenon-Rare Gas Dielectric Barrier Discharge Fluorescent Lamps,* Journal of Light & Visual Environment 29: 91-98, 2005

(Kinema 1996) Kinema, *BOLSIG Boltzmann Solver for the IGLO Series, CPA Toulouse & Kinema Software,* 1996

(Kling 1997) R. Kling, *Untersuchung an hocheffizienten Excimerentladungslampen,* Fakultät für Elektrotechnik und Informationstechnik, Universität Karlsruhe (TH), Karlsruhe, 1997

(Kogelschatz 2002) U. Kogelschatz, *Filamentary, patterned, and diffuse barrier discharges,* IEEE Trans. on Plasma Science 30: 1400-08, 2002

(Kudryavtsev et al. 2002) O. Kudryavtsev, S. Moisseev and M. Nakaoka, *Frequency characteristics analysis and switching power supply designing for dielectric barrier discharge type load,* Power Electronics Congress, 2002. Technical Proceedings. CIEP 2002. Mexico VIII IEEE International, 2002

(Kunze et al. 1992) J. Kunze, N. Frohleke, H. Grotstollen, B. A. M. B. Margaritis and F. A. L. F. Locken, *Resonant power supply for barrier discharge UV-excimer sources,* Conference Record of the IEEE Industry Applications Society Annual Meeting, 1992

(Kyrberg et al. 2007) K. Kyrberg, H. Guldner, A. Rupp and O. A. S. O. Schallmoser, *Half-Bridge and Full-Bridge Choke Converter Concepts for the Pulsed Operation of Large Dielectric Barrier Discharge Lamps,* Power Electronics, IEEE Transactions on 22: 926-933, 2007

(Liu et al. 2001) S. Liu and M. Neiger, *Excitation of dielectric barrier discharges by unipolar submicrosecond square pulses,* J. Phys. D. 34: 1632-8, 2001

(Liu 2002) S. Liu, *Electrical modeling and unipolar-pulsed energization of dielectric barrier discharges,* Fakultät für Elektrotechnik und Informationstechnik, Universität Karlsruhe (TH), Karlsruhe, 2002

(Liu et al. 2003) S. Liu and M. Neiger, *Double discharges in unipolar-pulsed dielectric barrier discharge xenon excimer lamps,* J. Phys. D. 36: 1565-72, 2003

(Meisser 2008) M. Meisser, *interner Bericht,* 2008

(Merbahi et al. 2007) N. Merbahi, G. Ledru, N. Sewraj and F. Marchal, *Electrical behavior and vacuum ultraviolet radiation efficiency of monofilamentary xenon dielectric barrier discharges,* Journal of Applied Physics 101: 123309-9, 2007

(Mildren et al. 2001a) R. P. Mildren and R. J. Carman, *Enhanced performance of a dielectric barrier discharge lamp using short-pulsed excitation,* J. Phys. D. 34: L1-L6, 2001

(Mildren et al. 2001b) R. P. Mildren, R. J. Carman and I. S. Falconer, *Visible and VUV images of dielectric barrier discharges in Xe,* Journal of Physics D - Applied Physics 34: 3378, 2001

(Mildren et al. 2002) R. P. Mildren, R. J. Carman and I. S. Falconer, *Visible and VUV emission from a xenon dielectric barrier discharge using pulsed and sinusoidal voltage excitation waveforms,* IEEE Trans. on Plasma Science 30: 192-3, 2002

(Müller et al. 1996) S. Müller and R. J. Zahn, *On various kinds of dielectric barrier discharges,* Contr. to Plasma Physics 36: 697-709, 1996

(Mulliken 1970) R. S. Mulliken, *Potential Curves of Diatomic Rare-Gas Molecules and Their Ions, with Particular Reference to Xe[sub 2],* The Journal of Chemical Physics 52: 5170-5180, 1970

(Neiger et al. 1994) M. Neiger, R. Kling, R. Schruft and O. Wolf, *Parametrische Untersuchungen und Entwicklung praktischer Simulationsmodelle für Excimer-Barrierenentladungen,* 1994

(Oda et al. 2000) A. Oda, H. Sugawara, Y. Sakai and H. Akashi, *Estimation of the light output power and efficiency of Xe barrier discharge excimer lamps using a one-dimensional fluid model for various voltage wave-forms*, Journal of Physics D - Applied Physics 33: 1507, 2000

(Okabe 1978) H. Okabe, *Photochemistry of small molecules,* A Wiley-Interscience publication, 1978

(Osram 2006) Osram, *Technische Informationen PLANON 21,3"/863,* 2006

(Paravia et al. 2007) M. Paravia, K. E. Trampert and W. Heering, *Homogenisation of a pulsed dielectric barrier Xe discharge using falling voltage edge for secondary ignition,* LS 11, Shanghai, 2007

(Paravia et al. 2008a) M. Paravia, M. Meisser, K. E. Trampert and W. Heering, *Arguments for increased efficiency of a Xe excimer DBD by pulsed instead of sinusoidal excitation,* GEC 2008, Dallas, 2008

(Paravia et al. 2008b) M. Paravia, K. E. Trampert and W. Heering, *Threshold current density for homogeneous excitation of pulsed xenon excimer DBD,* ICOPS, Karlsruhe, Germany, 2008

(Paravia et al. 2009) M. Paravia, M. Meisser and W. Heering, *Plasma Efficiency and Losses for pulsed Xe Excimer DBDs at high Power Densities,* GEC 2009, Saratoga Springs, NY, 2009

(Perner 2008) M. Perner, *Entwicklung einer programmierbaren Steuereinheit für DBE-Vorschaltgeräte,* 2008

(Pflumm 2003) C. Pflumm, *Simulation homogener Barrierenentladungen inklusive der Elektrodenbereiche,* Fakultät für Elektrotechnik und Informationstechnik, Universität Karlsruhe (TH), Karlsruhe, 2003

(PTB 2006) PTB, *Kalibrierschein, Deuteriumlampe V0261 mit MgF2-Fenster, Kalibrierung PTB-06 5401*, 2006

(Raether 1941a) H. Raether, *Über den Aufbau von Gasentladungen. I,* Zeitschrift für Physik A Hadrons and Nuclei 117: 375-398, 1941

(Raether 1941b) H. Raether, *Über den Aufbau von Gasentladungen. II,* Zeitschrift für Physik A Hadrons and Nuclei 117: 524-542, 1941

(Raizer 1991) Y. P. Raizer, *Gas Discharge Physics,* Berlin Springer Verlag 1991

(Rhodes 1984) J. K. Rhodes, *Excimer Laser,* Topics in Applied Physics 30, Springer Verlag, 1984

(Roth 2001) M. Roth, *Experimentelle Untersuchungen zu Verlustmechanismen des Kathodenfalls in Barrierenentladungen,* Fakultät für Elektrotechnik und Informationstechnik, Universität Karlsruhe (TH), Karlsruhe, 2001

(Saloman 2004) E. B. Saloman, *Energy Levels and Observed Spectral Lines of Xenon, Xe I through Xe LIV,* Journal of Physical and Chemical Reference Data 33: 765, 2004

(Schlumbohm 1960) H. Schlumbohm, *Die zeitliche Entwicklung einer Townsend-Entladung,* Zeitschrift Fur Physik 159: 212-222, 1960

(Sewraj et al. 2009) N. Sewraj, N. Merbahi, F. Marchal, G. Ledru and J. P. Gardou, *VUV spectroscopy and post-discharge kinetic analysis of a pure xenon mono-filamentary dielectric barrier discharge (MF-DBD)*, J. Phys. D. 42: 045206, 2009

(Somekawa et al. 2005) T. Somekawa, T. Shirafuji, O. Sakai, K. Tachibana and K. Matsunaga, *Effects of self-erasing discharges on the uniformity of the dielectric barrier discharge*, J. Phys. D. 1910, 2005

(Sowa et al. 2004) W. Sowa and R. Lecheler, *Lamp driver concepts for dielectric barrier discharge lamps and evaluation of a 110 W ballast,* Industry Applications Conference, Piscataway, NJ, USA, 2004

(Stockwald 1991) K. Stockwald, *Neuartige Xenon- und Xenon/Quecksilber-Lampen im UV-VUV Spektralbereich,* Fakultät für Elektrotechnik und Informationstechnik, Universität Karlsruhe (TH), Karlsruhe, 1991

(Trampert et al. 2007) K. E. Trampert, M. Paravia, R. Daub and W. Heering, *Total spectral radiant flux measurements on Xe excimer lamps from 115 nm to 1000 nm,* Proceedings of the SPIE 6616, Vol 2, 2007

(Trampert 2009) K. E. Trampert, *Ladungstransportmodell dielektrisch behinderter Entladungen,* Fakultät für Elektrotechnik und Informationstechnik, Universität Karlsruhe (TH), Karlsruhe, 2009

(Tschudi 2008) T. Tschudi, *Die Bedeutung der UV-Optik in unserer Gesellschaft,* Optence Workshop "Anwendungspotentiale der UV-Leds", Mainz, 2008

(Urbach 1953) F. Urbach, *The Long-Wavelength Edge of Photographic Sensitivity and of the Electronic Absorption of Solids*, Physical Review 92: 1324, 1953

(UV-Technik 2008) UV-Technik, *Datenblatt: Handelsprogramm Philips Speziallampen TUV,* 2008

(Vollkommer et al. 1994) F. Vollkommer and L. Hitzschke, *Verfahren zum Betreiben einer inkohärent emittierenden Strahlungsquelle,* WO94/23442, 1994

(Waite 2008) M. Waite, *Glass and light - Planilum® - The exciting new lighting technology from Saint-Gobain,* Intelligent Glass Solutions 44-45, 2008

(Xu et al. 1998) X. P. Xu and M. J. Kushner, *Multiple microdischarge dynamics in dielectric barrier discharges*, J. Appl. Phys. 84: 4153-4160, 1998

(Yoon et al. 2000) C. K. Yoon, J. H. Seo and K.-W. Whang, *Spatio-Temporal Characteristics of Infrared and Vacuum Ultraviolet Emission from a Surface Discharge Type AC Plasma Display Panel Cell with He–Xe and Ne–Xe Gas Mixture*, IEEE Transactions on Plasma Science 28: 1029-1034, 2000

Lebenslauf

Persönliche Daten

Name	Mark Paravia
Geboren am	13.09.1980 in Villingen-Schwenningen
Staatsangehörigkeit	deutsch

Schulausbildung

1991 – 1997	Gymnasium am Deutenberg, Schwenningen
1997 – 2000	Staatliche Feintechnikschule mit Technischem Gymnasium in Villingen-Schwenningen Abiturnote: 1,4

Studium

10/2001 – 07/2006	Studium der Elektro- und Informationstechnik, Universität Karlsruhe, Studienmodell »Optische Technologien« Gesamtnote: 1,3
10/2002 – 09/2004	Erwerb der Ausbildereignung gemäß Ausbilder-Eignungsverordnung an der Universität Karlsruhe

Berufliche Tätigkeiten

Seit 09/2006	Wissenschaftlicher Mitarbeiter Karlsruher Institut für Technologie (KIT), Lichttechnisches Institut
Seit 06/2008	Freiberufliche Tätigkeit auf dem Gebiet der optischen Strahlungstechnik